Inhalt

7. Kapitel: Rationale Funktionen

Den lieben Schülern *Verse gewunden*,
soweit wir als Laien *diverse gefunden:*
Ein Lehrer *darf* dem Schüler *schenken*
die Freude, einmal *scharf* zu *denken*,
mit allem *Einsatz*, den er *kann.*
Zwar kommt mitunter *kein Satz an.*
Es muß Euch dann nicht *Reue schlagen*,
nur wenige vor *Schläue ragen*!
Wollt Ihr der Weisheit *Born gewinnen*,
müßt manchmal Ihr von *vorn beginnen*
bei Anan 1 von *Ehrenwirth.*
Wer glaubt, dies wolln wir *wehren, irrt.*
Doch würden wir es *schade finden*,
müßt jeder sich ganz *fade schinden.*
Drum wolln wir ohne *Tücken lehren*
und selber Wissens*lücken teeren.*
Und dieses großen *Sturmes Wehen*
kann jeder arme *Wurm bestehen.*
Es geht nicht ganz mit *weicher Rille*,
doch hilft Euch eines: *reicher Wille*!
Versucht es, über einem *Satz* zu *schwitzen*,
statt nur zu kurzem *Schwatz* zu *sitzen*!
Aufgaben, seht *sie* nicht als *Pein*,
sie sollen Thera*pie* Euch *sein*!
Laßt keinen Eifer *missen, wacht*,
bis jeder hat des *Wissens Macht*!

1. Kapitel:

Stammfunktion und unbestimmtes Integral

In Band 1 haben wir gelernt, wie wir zu einer gegebenen Funktion g die Ableitungsfunktion g′ finden. Jetzt packen wir das umgekehrte Problem an: Von welcher Funktion F ist die gegebene Funktion f die Ableitung?
Die gegebene Funktion sei zum Beispiel f: $x \mapsto -x^2 + 4x - 3$; $D_f = \mathbb{R}$. Mit unserem Wissen übers Differenzieren einer Polynomfunktion finden wir leicht eine Lösung, nämlich F: $x \mapsto -\frac{1}{3}x^3 + 2x^2 - 3x$; $D_F = \mathbb{R}$. Damit gilt $F'(x) = -x^2 + 4x - 3 = f(x)$. Ist das die einzige mögliche Funktion F, die f als Ableitung hat? Wir erinnern uns, daß die Ableitung einer Konstanten c immer Null ist. Statt unseres Funktionsterms F(x) von oben hätten wir also auch andere Funktionsterme angeben können, wie etwa

$$-\tfrac{1}{3}x^3 + 2x^2 - 3x + 1 \qquad \text{oder}$$
$$-\tfrac{1}{3}x^3 + 2x^2 - 3x - \sqrt{2} \qquad \text{oder}$$
$$-\tfrac{1}{3}x^3 + 2x^2 - 3x + 1980.$$

Alle diese Terme unterscheiden sich nur in den letzten Summanden $+1$, $-\sqrt{2}$, $+1980$. Es gibt demnach beliebig viele Funktionen F, deren Ableitung f ist, also eine Funktionenschar F_c mit
$F_c(x) = -\frac{1}{3}x^3 + 2x^2 - 3x + c$. Die Addition der Konstanten c bewirkt eine Verschiebung von G_F in Richtung der y-Achse, wie Bild 1 zeigt.

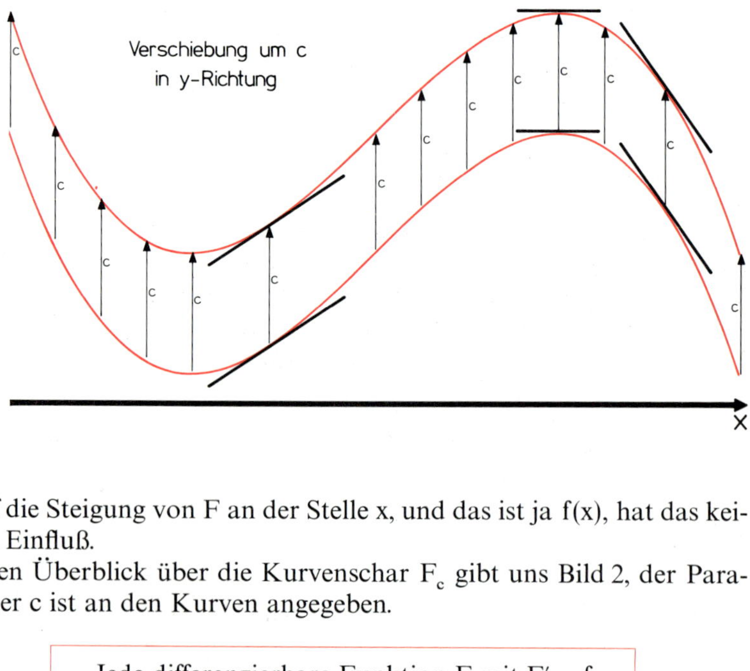

Bild 1

Auf die Steigung von F an der Stelle x, und das ist ja f(x), hat das keinen Einfluß.
Einen Überblick über die Kurvenschar F_c gibt uns Bild 2, der Parameter c ist an den Kurven angegeben.

Definition

> Jede differenzierbare Funktion F mit $F' = f$ heißt Stammfunktion von f.

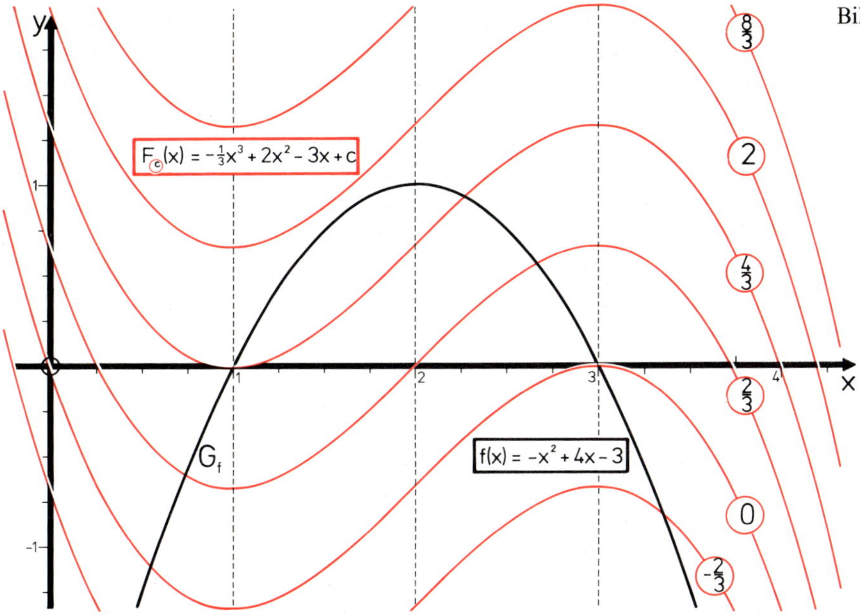

Bild 2

So ist etwa F_0: $x \mapsto -\frac{1}{3}x^3 + 2x^2 - 3x$ eine Stammfunktion von $f: x \mapsto -x^2 + 4x - 3$.
Wir definieren:

Definition

> Die Menge aller Stammfunktionen einer Funktion f heißt unbestimmtes Integral von f.
> Man schreibt dafür $\int f(x)dx$ (sprich: Integral eff von ix de ix)

Das Integralzeichen erinnert an ein langgezogenes S (ʃtammfunktion).
Oft ist das Aufsuchen von Stammfunktionen einfach.
Die Ableitung von $x \mapsto x^n$ $(n \in \mathbb{N}_0)$ ist die Funktion $x \mapsto n \cdot x^{n-1}$.
Diese Formel gilt sogar für negative ganzzahlige Exponenten, wie man mit der Quotientenregel leicht einsieht:
Mit $n \in \mathbb{N}_0$ ist $(-n)$ also negativ und es gilt

$$\frac{d}{dx}(x^{-n}) = \frac{d}{dx}\left(\frac{1}{x^n}\right) = \frac{x^n \cdot 0 - 1 \cdot n \cdot x^{n-1}}{x^{2n}} = \frac{-n}{x^{n+1}} =$$
$$= (-n) \cdot x^{-n-1};$$

das heißt:

$$\frac{d}{dx}(x^n) = n \cdot x^{n-1} \qquad (n \in \mathbb{Z})$$

Wenn wir also eine Stammfunktion zu $x \mapsto x^n$ suchen, dann sollte sie einen um 1 höheren Exponenten haben, ihr Term müßte also die Gestalt $k \cdot x^{n+1}$ haben. Man überlegt sich leicht, daß $k = \frac{1}{n+1}$ gelten muß, wobei (leider) n nicht mehr den Wert -1 haben darf. Dieser Ausnahmefall wird uns später noch eingehend beschäftigen.

$$\frac{d}{dx}\left(\frac{1}{n+1} \cdot x^{n+1}\right) = x^n; \qquad n \in \mathbb{Z} \setminus \{-1\}$$

bedeutet also

$$\int x^n \cdot dx = \left\{x \mapsto \frac{1}{n+1} \cdot x^{n+1} + C \mid C \in \mathbb{R}\right\};$$
$$n \in \mathbb{Z} \setminus \{-1\}.$$

Diese Schreibweise ist uns viel zu schwerfällig; wir schreiben weniger genau, aber dafür kürzer:

$$\int x^n dx = \frac{1}{n+1} x^{n+1} + C; \qquad n \in \mathbb{Z} \setminus \{-1\}$$

Bemerkung: Die Schreibweise mit der Konstanten C dürfen wir nicht immer verwenden: Zwei Stammfunktionen mit zusammenhängender Definitionsmenge unterscheiden sich nur durch eine additive Konstante. Hat jedoch die Definitionsmenge Lücken, so können die Konstanten links und rechts einer Lücke verschieden sein, siehe Bild 3.

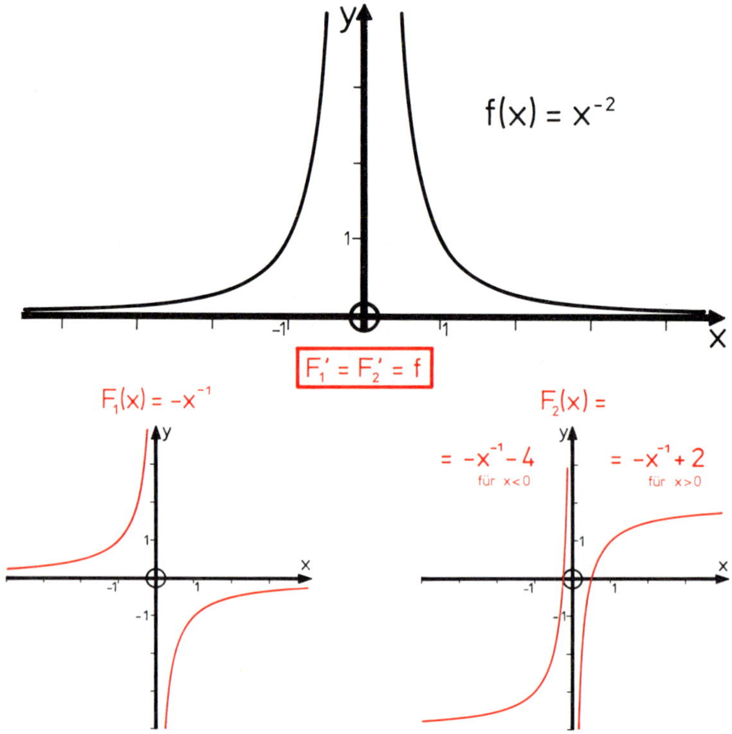

Bild 3

Wegen $\frac{d}{dx}\sin x = \cos x$,

$$\frac{d}{dx}\cos x = -\sin x,$$

$$\frac{d}{dx}\left(\frac{a_n}{n+1}x^{n+1} + \frac{a_{n-1}}{n}x^n + \ldots + \frac{a_1}{2}x^2 + a_0 x\right) =$$

$$= a_n x^n + a_{n-1}x^{n-1} + \ldots + a_1 x + a_0,$$

gilt auch (für zusammenhängende Definitionsmenge):

$$\int \cos x\,dx = \sin x + C,$$

$$\int \sin x\,dx = -\cos x + C,$$

$$\int (a_n x^n + a_{n-1}x^{n-1} + \ldots + a_1 x + a_0)dx =$$

$$= a_n \cdot \frac{1}{n+1}x^{n+1} + a_{n-1}\cdot\frac{1}{n}x^n + \ldots + a_1\cdot\frac{1}{2}x^2 + a_0 x + C,$$

$$(n \in \mathbb{N}).$$

Allgemein:

$$\int f(x)dx = F(x) + C, \qquad \text{wobei } F' = f.$$

Zum Schluß noch zwei nützliche Regeln:

$$\int kf(x)dx = k\int f(x)dx \qquad \text{für } k \neq 0$$

Bemerkung: Für $k = 0$ steht links $\int 0\,dx$; dies ist die Menge **aller** konstanten Funktionen. Rechts steht dann aber $0(F(x) + C) = 0$, also nur **eine** konstante Funktion.

$$\int (f(x) + g(x))dx = \int f(x)dx + \int g(x)dx$$

Zum Beweis der beiden Regeln müßten wir zeigen, daß die Funktionenmengen auf den beiden Seiten der Gleichheitszeichen jeweils übereinstimmen. Dazu brauchen wir die Ableitungsregeln

$$(kf)' = kf' \qquad \text{und} \qquad (f + g)' = f' + g'.$$

Auf eine ausführliche Darstellung dieser Beweise sei hier verzichtet.

Aufgaben zu 1

1. Gib drei verschiedene Stammfunktionen an zu

a) $f\colon\ x \mapsto x^5$ **b)** $f\colon\ x \mapsto \sin x$

c) $f\colon\ x \mapsto 3x^2 - 7x + 19$ **d)** $f\colon\ x \mapsto 2\sin x + \cos x$

e) $f\colon\ x \mapsto \frac{1}{\sqrt{x}}$ **f)** $f\colon\ x \mapsto 0$

D_f sei jeweils maximal gewählt.

2. Berechne

a) $\int x\,dx$ **b)** $\int (x^2 + 1)\,dx$

c) $\int (3x^2 + 2x + 1)\,dx$ **d)** $\int (\cos x - \sin x)\,dx$

e) $\int dx$ **f)** $\int 0\,dx$

3. Bestimme diejenige Stammfunktion von f, deren Graph durch P verläuft.

a) $f\colon\ x \mapsto \frac{1}{2}x;$ $P(-2|4)$

b) $f\colon\ x \mapsto x^2 - 2x - 1;$ $P(3|-2)$

c) $f\colon\ x \mapsto \cos x + 1;$ $P(\pi|\pi)$

d) $f\colon\ x \mapsto 0;$ $P(1980|1980)$

●●**4.** Berechne

a) $\int |x|\,dx$ **b)** $\int \operatorname{sgn} x\,dx;$ $x \neq 0$

●●**5.** $f\colon\ x \mapsto \begin{cases} x & \text{für } x \leqq 0 \\ x^2 & \text{für } x > 0 \end{cases}$

Berechne $\int f(x)\,dx$.

●**6.** Gegeben sind die Funktionen a bis g, bestimme die Scharen der zugehörigen Stammfunktionen A_c bis G_c.

$a(x) = 6 - \frac{1}{24}x^2;$ $b(x) = x^3 - 3x - 2;$

$c(x) = -x^3 + 3x^2 - 2;$ $d(x) = x^4 - 6x^2 + 5;$

$e(x) = \frac{1}{9}x^4 - \frac{8}{9}x^3 + 2x^2;$ $f(x) = \frac{1}{40}x^5 - \frac{1}{8}x^4;$

$g(x) = -\frac{1}{16}x^6 + \frac{3}{8}x^4.$

●**7.** Gegeben sind die Funktionen h_a bis n_a; bestimme die Scharen der zugehörigen Stammfunktionen H_c bis N_c.

$h_a(x) = \frac{1}{12}x(x-a)^2;$

$i_a(x) = \frac{2}{3a^2}x^3 - \frac{2}{a}x^2;$

$j_s(x) = \frac{1}{6s}x^3 - x^2 + \frac{3}{2}sx;$

$k_t(x) = \frac{1}{81}x^2(3x^2 - tx + 3t);$

$l_k(x) = \frac{1}{2}x[x^2 - 2kx + k^2 - 4];$

$m_k(x) = \frac{x}{729}(8k^3x^2 - 216k^2x + 1215k + 729)$;

$n_a(x) = \frac{1}{8}x(x^2 - 3ax + 3a^2x - 12)$;

• **8.** Berechne

a) $\int (ax + a)dx$; **b)** $\int (ax + a)da$; **c)** $\int (ax + a)dt$.

• **9.** Zeige die Richtigkeit von

a) $\int (x^2 - x)dx = \frac{1}{3}x^3 - \frac{1}{2}x^2 + C$;

b) $\int \sqrt{x}\,dx = \frac{2}{3}x\sqrt{x} + C$;

c) $\int \frac{1}{x^2}dx = -\frac{1}{x} + C$;

d) $\int (\sin x)^2 dx = \frac{1}{2}(x - \sin x \cos x) + C$;

e) $\int (\cos x)^2 dx = \frac{1}{2}(x + \sin x \cos x) + C$;

f) $\int \frac{x}{\sqrt{a^2 - x^2}}dx = -\sqrt{a^2 - x^2} + C$.

•• **10.** Welcher Zusammenhang besteht zwischen C_1 und C_2?

$\int (\sin x)^2 dx = \frac{1}{2}(x - \sin x \cos x) + C_1$

$\int (\sin x)^2 dx = \frac{1}{2}x + \frac{1}{4}(\sin x - \cos x)^2 + C_2$.

2. Kapitel:

Das bestimmte Integral bei positiven Funktionen

2.1 Inhalt von Flächenstücken

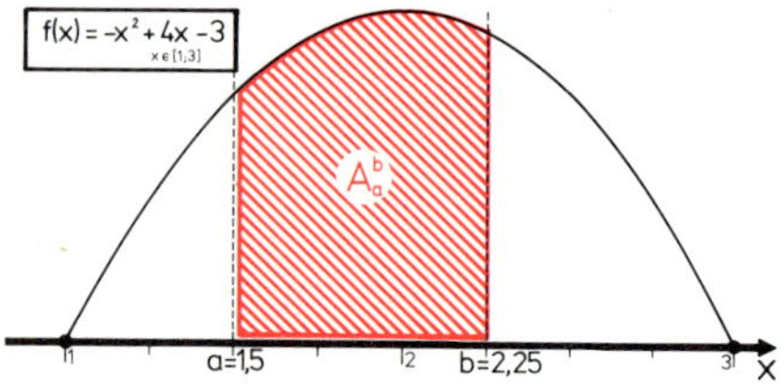

Bild 4

In der Mittelstufe haben wir den Inhalt einiger elementarer Flächen berechnet. Das war einfach bei geradlinig begrenzten Flächen wie Rechteck, Dreieck, Trapez und etwas komplizierter beim Kreis. Jetzt versuchen wir, Flächen zu berechnen[1], die auf einer Seite von einem Funktionsgraphen begrenzt sind. Es handelt sich also um Flächen, die – siehe Bild 4 – durch die Bedingung

$$\{(x, y) \mid a \leqq x \leqq b \text{ und } 0 \leqq y \leqq f(x)\}$$

beschrieben werden.

Die Berechnung krummliniger Flächen hat den Mathematikern durch viele Jahrhunderte schlaflose Nächte bereitet. Der erste, der einen Teilerfolg für sich verbuchen konnte, war Hippokrates, ein griechischer Gelehrter um 450 v. Chr. Er schaffte es, die Fläche der nach ihm benannten Mondsicheln zu berechnen, indem er bewies, daß die beiden in Bild 5 schraffierten Flächenstücke denselben Inhalt haben.

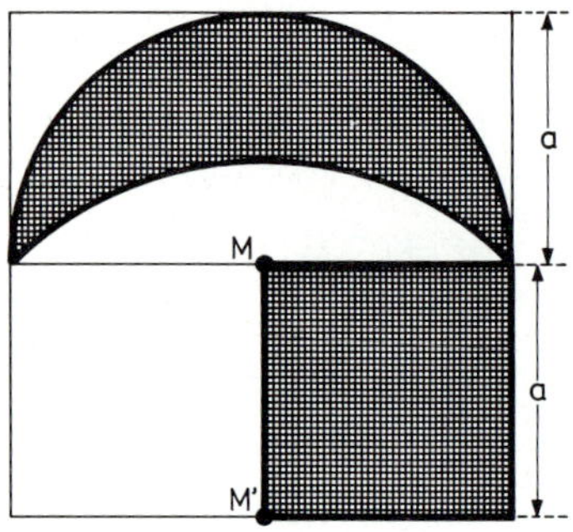

Hippokrates:
Sichelfläche = Quadratfläche = a^2

Bild 5

Wer wissen will, wie Hippokrates das gemacht hat, kann dessen Gedankengang hier nachlesen: Im Bild 6 sind die Flächen α und β Segmente von Kreisvierteln, also ähnlich. Die Radien verhalten sich wie $1 : \sqrt{2}$, also verhalten sich die Flächen wie $(1 : \sqrt{2})^2 = 1 : 2$. Demnach ist $2\alpha = \beta$ und somit die Fläche des Möndchens $2\alpha + \gamma$ gleich der Fläche des Dreiecks ABC, nämlich $\beta + \gamma = 2\alpha + \gamma$. Das Dreieck ABC ist aber genauso groß wie das kleine schraffierte Quadrat.

Erstaunlicherweise brachte es Hippokrates also fertig, »seinen« Mond ohne eine Formel für die Kreisfläche zu berechnen. Erst 200 Jahre später konnte Archimedes die Fläche unter der Parabel berechnen. Dann vergingen fast 2000 Jahre, bis man das Problem bei allgemeineren Funktionen meisterte. Dank der Differentialrechnung geht das heute in vielen Fällen recht einfach.

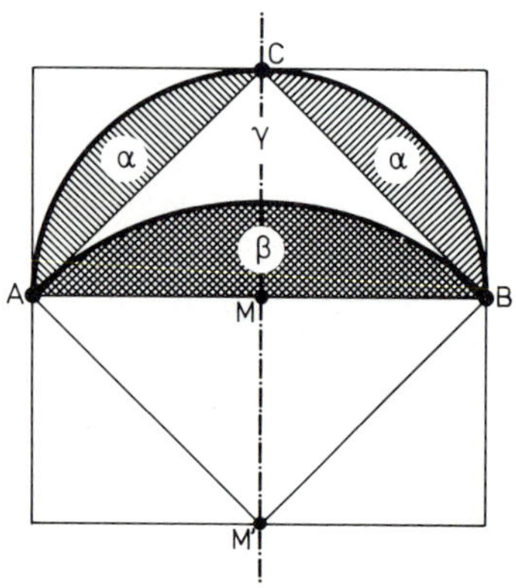

Bild 6

2.2 Die Flächenfunktion

Der Inhalt der in Bild 7 schraffierten Fläche $A_k(x)$ (ihren oberen Rand bildet der Graph der Funktion f: $x \mapsto -x^2 + 4x - 3$; $D_f = [1; 3]$) hängt von x ab, ist also eine (Flächen-)Funktion von x.

$$A_k : x \mapsto A_k(x); \quad D_{A_k} = [k; 3]$$

Wir kennen den Term $A_k(x)$ noch nicht. Wenn wir ihn hätten, wären wir fertig.

Um ihn zu finden, vergleichen wir die Flächen $A_k(x)$ und $A_k(x + h)$. Ihr Unterschied ist dann leicht abzuschätzen, er liegt zwischen $f(x + h) \cdot h$ und $f(x) \cdot h$.

[1]) »Eine Fläche berechnen« ist die saloppe Ausdrucksweise für »Den Inhalt einer Fläche berechnen«

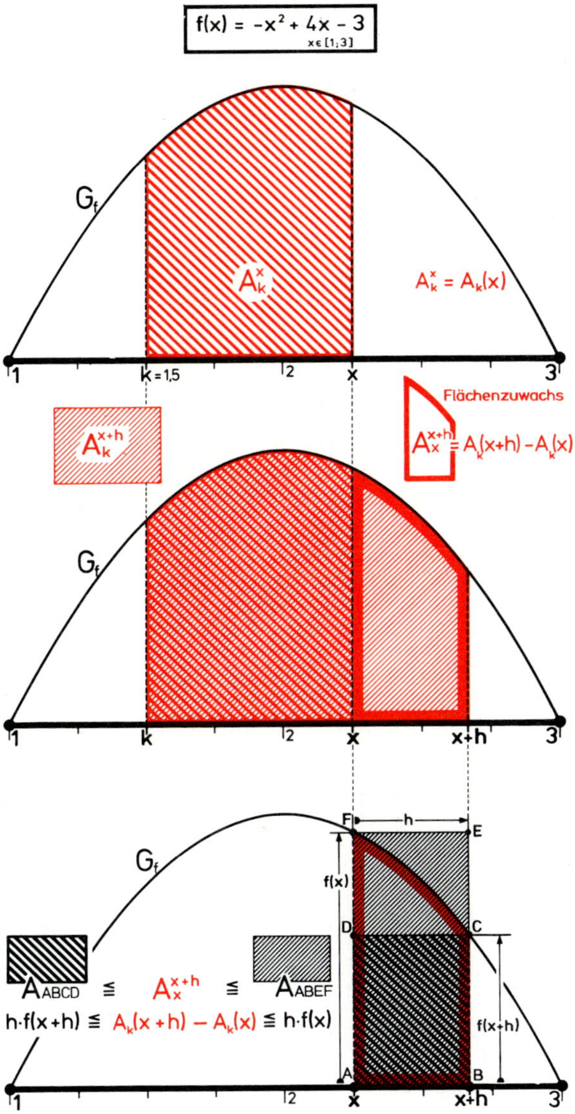

Bild 7

Das heißt,

für $h > 0$ ist $h \cdot f(x+h) \leqq A_k(x+h) - A_k(x) \leqq h \cdot f(x)$ und
für $h < 0$ ist $(-h) \cdot f(x) \leqq A_k(x) - A_k(x+h) \leqq (-h) \cdot f(x+h)$, wobei sowohl x als auch $x + h$ zwischen 2 und 3 liegen. (Dort fällt G_f echt monoton.)

Dividieren wir durch h beziehungsweise durch $-h$ (der Divisor ist in beiden Fällen positiv!), so ergibt sich

$$f(x+h) \leqq \frac{A_k(x+h) - A_k(x)}{h} \leqq f(x) \qquad \text{für } h > 0$$

und

$$f(x) \leqq \frac{A_k(x+h) - A_k(x)}{h} \leqq f(x+h) \qquad \text{für } h < 0.$$

Nun ist f stetig, das heißt $\lim_{h \to 0} f(x+h) = f(x)$. Dann muß aber erst recht für den zwischen f(x) und f(x + h) eingezwängten Quotienten von oben die Beziehung

$$\lim_{h \to 0} \frac{A_k(x+h) - A_k(x)}{h} = f(x)$$

gelten. Das bedeutet aber: die Flächenfunktion A_k ist differenzierbar, ihre Ableitung ist die Funktion f, deren Graph die Fläche nach oben begrenzt. Es gilt also (für $2 \leqq x \leqq 3$):

$$\boxed{A_k'(x) = f(x)}$$

In der Sprechweise von Kapitel 1 können wir auch sagen, A_k ist eine Stammfunktion von f. Ihr Term ist dann von der Form $A_k(x) = F(x) + c$ mit beispielsweise $F(x) = -\frac{1}{3}x^3 + 2x^2 - 3x$. Wie aber kommen wir an den Wert für c?

Es muß ja $A_k(k) = 0$ sein, weil dann die seitlichen Begrenzungen der Fläche wegen $x = k$ zusammenfallen. Also ist

$$0 = A_k(k) = F(k) + c \qquad \text{und} \qquad c = -F(k).$$

Wir haben damit ein überraschend einfaches Ergebnis gefunden:
Die Flächenfunktion $x \mapsto A_k(x)$ ist die Funktion $x \mapsto F(x) - F(k)$, wobei F **irgendeine** Stammfunktion von f ist.

Die scheinbare Willkür bei der Auswahl von F ist aber gar nicht verwunderlich, weil eine Konstante K bei der Differenzbildung $[F(x) + K] - [F(k) + K]$ wieder herausfällt.
Wir berechnen die in Bild 7 schraffierte Fläche mit $k = 1{,}5$ und

$x = 2\frac{1}{4}$ zu $F(\frac{9}{4}) - F(\frac{3}{2})$. Also:

$$A_{1,5}(2\tfrac{1}{4}) = -\tfrac{1}{3}(\tfrac{9}{4})^3 + 2(\tfrac{9}{4})^2 - 3\cdot\tfrac{9}{4} - [-\tfrac{1}{3}(\tfrac{3}{2})^3 + 2(\tfrac{3}{2})^2 - 3\cdot\tfrac{3}{2}] =$$
$$= \tfrac{45}{64} = 0{,}703125\,.$$

Jetzt haben wir es geschafft, den Inhalt eines Flächenstücks zu berechnen, das auf einer Seite von einem Parabelbogen begrenzt ist. Archimedes löste dasselbe Problem ganz anders, wie wir noch sehen werden.

Unsere Überlegungen haben aber noch einen Haken: Wir haben nämlich den Flächenzuwachs nur in einem Bereich untersucht, in dem f monoton fällt. Trotzdem bleibt die Entdeckung richtig, daß die Ableitung der Flächenfunktion gerade die begrenzende Funktion ist. Ein paar »Schönheitskorrekturen« retten den Beweis:
Im Beispiel waren die extremen Funktionswerte jeweils am Rand des von x und x + h begrenzten Intervalls.

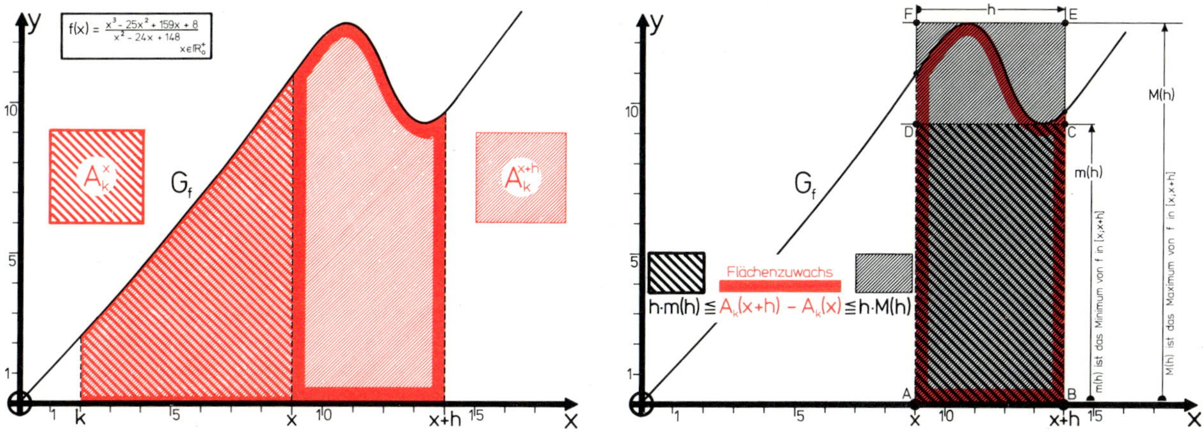

Bild 8

Weil das nicht so sein muß (vgl. Bild 8), nennen wir das Maximum der Funktion f auf dem durch x und x + h festgelegten Intervall nun M(h) und das Minimum entsprechend m(h), also (Bild 9)

$$M(h) := \max\{f(t) \mid t \text{ zwischen } x \text{ und } x+h\} \qquad \text{und}$$
$$m(h) := \min\{f(t) \mid t \text{ zwischen } x \text{ und } x+h\}.$$

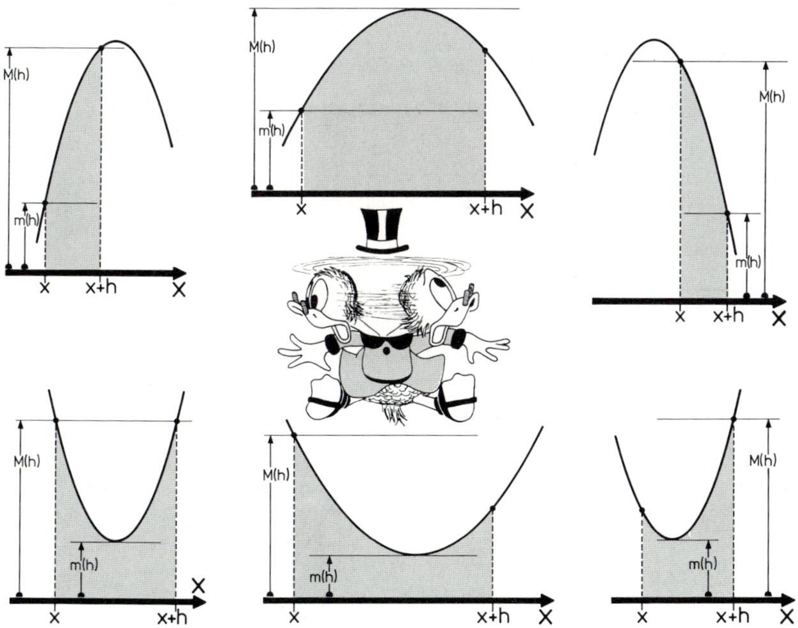

Bild 9

Dann gilt unabhängig vom Monotonieverhalten von f für positives h

$$m(h) \cdot h \leqq A_k(x+h) - A_k(x) \leqq M(h) \cdot h$$

und für negatives h (Bild 10)

$$m(h) \cdot (-h) \leqq A_k(x) - A_k(x+h) \leqq M(h) \cdot (-h).$$

Dividiert man die obere Ungleichung durch h (dort ist $h > 0$) und die untere durch $-h$ (jetzt ist $-h > 0$), so nehmen die beiden Ungleichungen wieder dieselbe Form an, nämlich

$$m(h) \leqq \frac{A_k(x+h) - A_k(x)}{h} \leqq M(h).$$

Weil f stetig ist, gilt

$$\lim_{h \to 0} m(h) = \lim_{h \to 0} M(h) = f(x).$$

Also gilt auch hier

$$A_k'(x) = f(x).$$

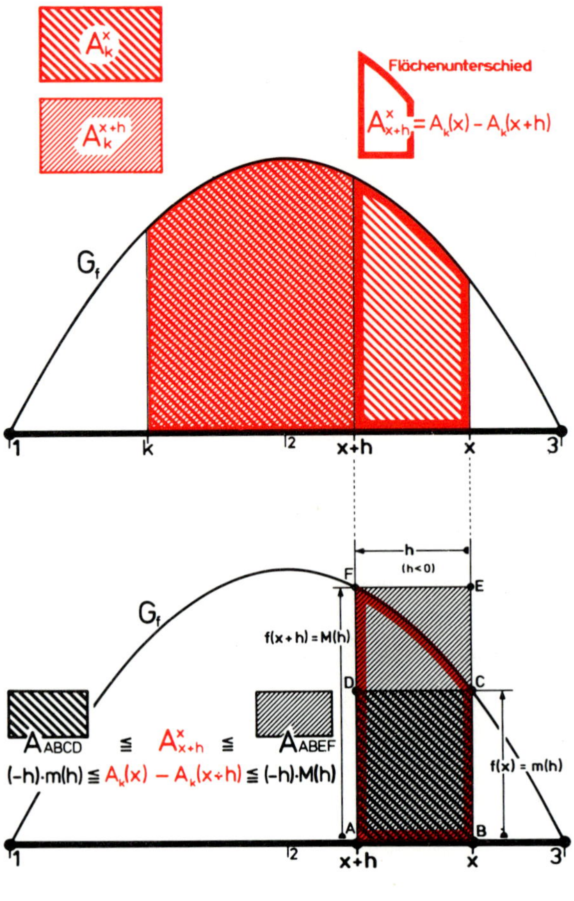

Bild 10

Wir fassen zusammen:

> Bei stetigen Funktionen f, die eine Fläche A auf einer Seite begrenzen, gilt:
> Die Ableitung der Flächenfunktion A_k ist die Randfunktion f, mit anderen Worten:
> Die Flächenfunktion A_k ist eine Stammfunktion der Randfunktion f.

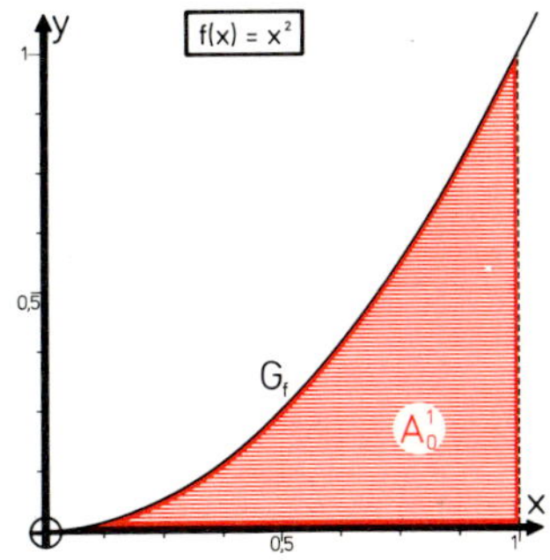

Bild 11

2.3 Die Streifenmethode

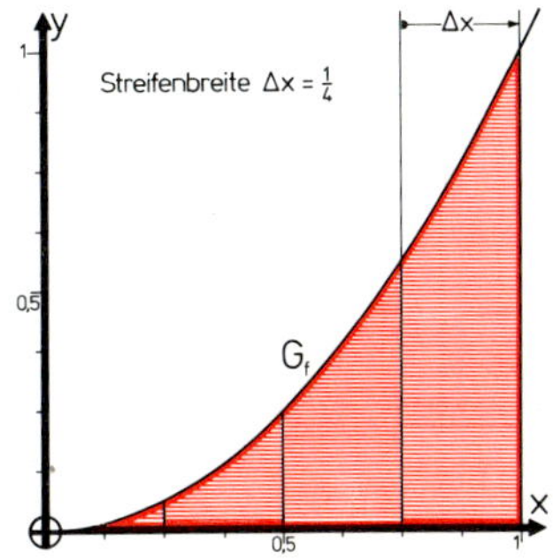

Bild 12

Erst durch die Differentialrechnung wurde es möglich, Flächeninhalte mit der Stammfunktion zu berechnen. Wir haben schon erwähnt, daß Archimedes das Problem ganz anders gelöst hat. Er wollte den Inhalt der Fläche unter der Normalparabel zwischen 0 und 1 berechnen (Bild 11). Dazu zerschnitt er die Fläche in Streifen, parallel zur y-Achse (Bild 12) und meinte, daß die Fläche unter der Parabel, also unser $A_0(1)$, kleiner sei als die Treppenfläche in Bild 13a und größer als die Treppenfläche in Bild 13b. Die Treppenflächen ließen sich leicht als Summen der Streifenflächen berechnen. Bei Unterteilung in vier Streifen gleicher Breite ergibt sich ein Bild wie 13a. Die Summe der Inhalte dieser vier Streifen nennen wir Obersumme S_4.

$$S_4 = \tfrac{1}{4} f(\tfrac{1}{4}) + \tfrac{1}{4} f(\tfrac{2}{4}) + \tfrac{1}{4} f(\tfrac{3}{4}) + \tfrac{1}{4} f(\tfrac{4}{4}) =$$
$$= \tfrac{1}{4} \cdot \left((\tfrac{1}{4})^2 + (\tfrac{2}{4})^2 + (\tfrac{3}{4})^2 + (\tfrac{4}{4})^2\right) =$$
$$= \frac{1}{4 \cdot 16} \cdot (1^2 + 2^2 + 3^2 + 4^2) =$$
$$= \tfrac{30}{64} = \tfrac{15}{32}\ (\approx 0{,}47).$$

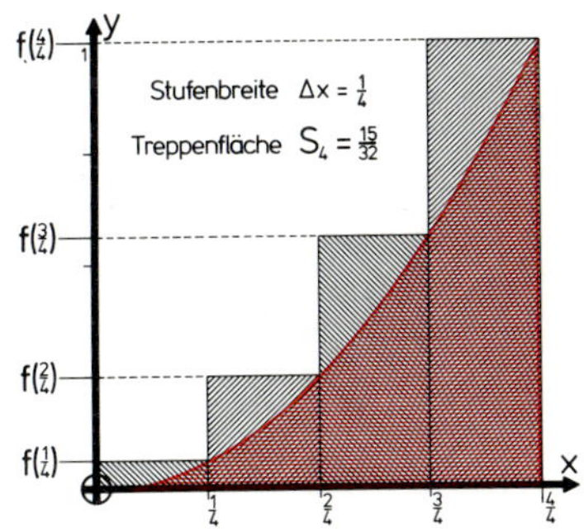

13a

Den Inhalt der Treppenfläche in Bild 13b nennen wir Untersumme s_4.

$$s_4 = \tfrac{1}{4} f(\tfrac{0}{4}) + \tfrac{1}{4} f(\tfrac{1}{4}) + \tfrac{1}{4} f(\tfrac{2}{4}) + \tfrac{1}{4} f(\tfrac{3}{4}) =$$
$$= \tfrac{1}{64} \cdot (0^2 + 1^2 + 2^2 + 3^2) =$$
$$= \tfrac{14}{64} = \tfrac{7}{32}\ (\approx 0{,}22).$$

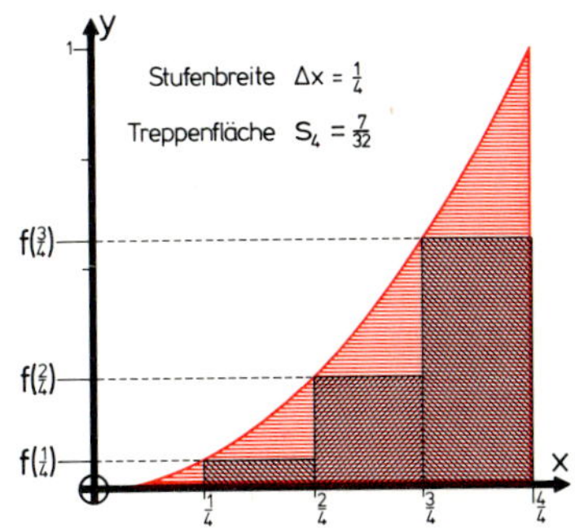

13b

Wählt man als Streifenbreite $\frac{1}{8}$, so ergibt sich entsprechend für $S_8 = \frac{51}{128}$ und $s_8 = \frac{35}{128}$, siehe Bild 14.

Archimedes hat die Formeln für die Berechnung von Unter- und Obersumme sogar allgemein angegeben.
Für die Obersumme gilt

$$S_n = \frac{1}{n}\left(\left(\frac{1}{n}\right)^2 + \left(\frac{2}{n}\right)^2 + \ldots + \left(\frac{n}{n}\right)^2\right) =$$

$$= \frac{1}{n^3}\cdot(1^2 + 2^2 + \ldots + n^2) =$$

$$= \frac{1}{n^3}\cdot\frac{n(n+1)(2n+1)}{6} = \frac{(n+1)(2n+1)}{6n^2} =$$

$$= \frac{1}{6}\cdot\left(1 + \frac{1}{n}\right)\cdot\left(2 + \frac{1}{n}\right).$$

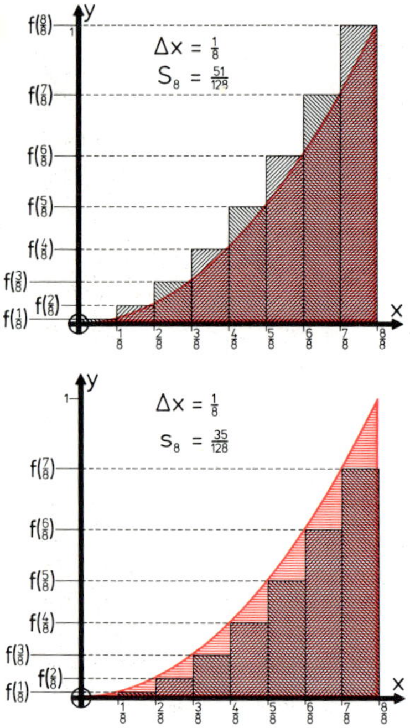

Bild 14

Die verwendete Summenformel

$$1^2 + 2^2 + 3^2 + \ldots + n^2 = \tfrac{1}{6}\,n(n+1)(2n+1)$$

beweisen wir anschaulich:
Zunächst überlegen wir uns mit Hilfe von Bild 15, daß die Summe der natürlichen Zahlen $1 + 2 + \ldots + n = \dfrac{n(n+1)}{2}$ ist. Bild 16 zeigt, daß die Summe der ersten n ungeraden natürlichen Zahlen n^2 ist. Mit einer listigen Anordnung nach Bild 17 erreichen wir, daß die Summe der Quadratzahlen bis n einen

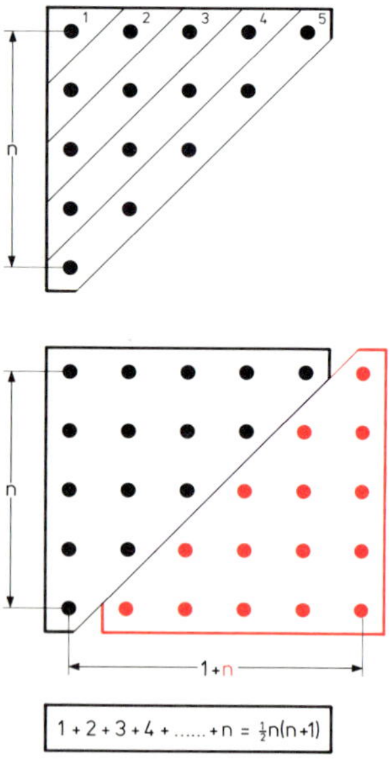

Dargestellt am Beispiel:
$n = 5$
$1 + 2 + 3 + 4 + 5 = \frac{5 \cdot 6}{2} = 15$

Bild 15

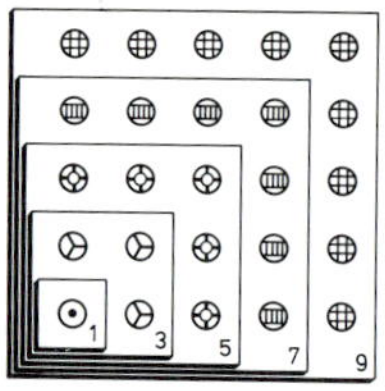

Beispiel: $n = 5$

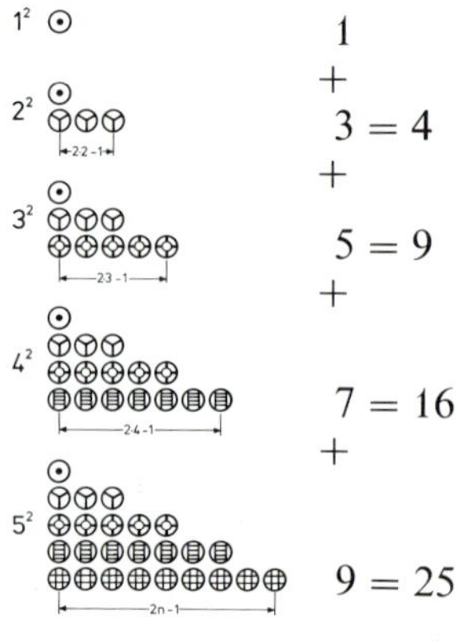

Bild 16

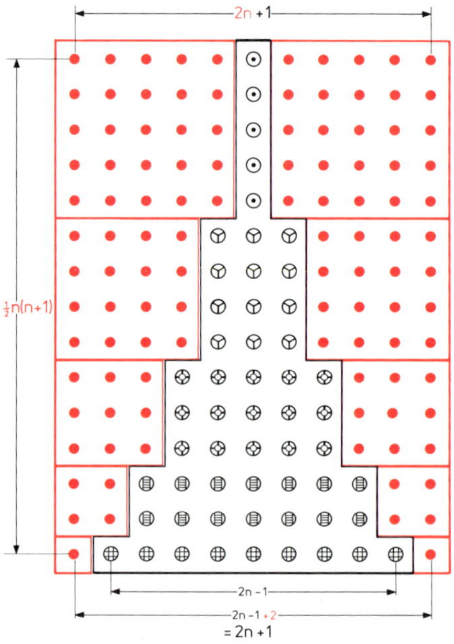

Beispiel: $n = 5$

Bild 17

»Wolkenkratzer« in der Mitte des Bildes ergibt. Der Wolkenkratzer ist auf beiden Seiten so ergänzt, daß ein Rechteck mit den Seiten $2n + 1$ und $\frac{n \cdot (n+1)}{2}$, der Summe der natürlichen Zahlen, entsteht. Das Rechteck enthält die Summe der Quadrate der natürlichen Zahlen bis n dreimal, also ist die gesuchte Summe der Quadrate ein Drittel der Gesamtzahl, das heißt

$$1^2 + 2^2 + 3^2 + \ldots + n^2 = \frac{1}{3} \cdot \frac{n \cdot (n+1) \cdot (2n+1)}{2} = \frac{1}{6} \cdot n \cdot (n+1) \cdot (2n+1).$$

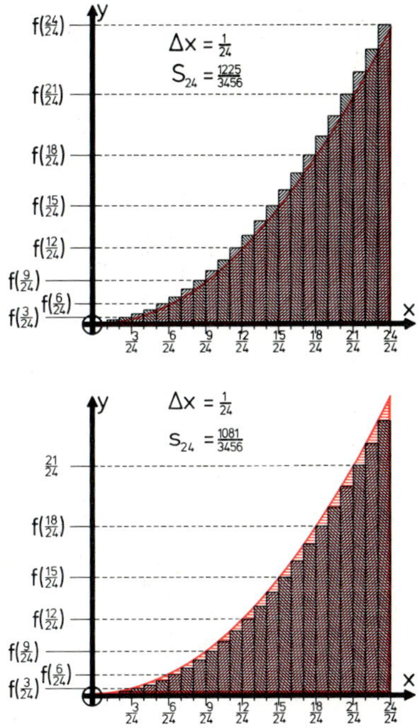

Bild 18

Für die Untersumme gilt entsprechend

$$s_n = \frac{1}{n} \cdot \left(\left(\frac{0}{n}\right)^2 + \left(\frac{1}{n}\right)^2 + \ldots + \left(\frac{n-1}{n}\right)^2 \right) = S_n - \frac{1}{n}.$$

Sie entsteht also aus der Obersumme S_n, indem man den letzten Summanden $\frac{1}{n}\left(\frac{n}{n}\right)^2$ subtrahiert. Geometrisch bedeutet dies, daß wir von der Treppenfläche S_n den größten Streifen weglassen und die Treppenfläche um eine Streifenbreite nach rechts verschieben.
In Bild 18 sehen wir, wie gut die gesuchte Fläche von den beiden Treppenflächen mit der Schrittweite $\frac{1}{24}$ angenähert ist.

Es ergibt sich die folgende Übersicht (Näherungswerte!):

Schrittweite $\frac{1}{n}$	Untersumme	Obersumme	Unterschied
$\frac{1}{4}$	0,22	0,47	0,25
$\frac{1}{8}$	0,27	0,40	0,13
$\frac{1}{16}$	0,30	0,37	0,07
$\frac{1}{32}$	0,32	0,35	0,03
…	…	…	…

Die Unter- und Obersumme kommen einander mit zunehmendem n beliebig nahe. Es gilt

$$\lim_{n \to \infty} S_n = \lim_{n \to \infty} \left[\frac{1}{6}\left(1 + \frac{1}{n}\right)\left(2 + \frac{1}{n}\right) \right] = \frac{1}{3}$$

$$\lim_{n \to \infty} s_n = \lim_{n \to \infty} \left(S_n - \frac{1}{n} \right) = \frac{1}{3}.$$

Archimedes konnte also sagen: Der gesuchte Flächeninhalt ist $\frac{1}{3}$.

Das Streifen-Verfahren zur Berechnung von Flächeninhalten ist offensichtlich ungleich verwickelter als das Verfahren mit der Flächenfunktion. Trotzdem verwendet man es auch heute noch – nicht aus Pietät vor Archimedes, sondern aus purer Notwendigkeit, nämlich dann, wenn sich keine Stammfunktion finden und sich damit das Ver-

fahren mit der Flächenfunktion nicht anwenden läßt. In unserem Beispiel haben wir glücklicherweise eine Formel für die auftretende Summe gefunden. Dieses Glück hat man meistens nicht. Mit einem Rechner kann man dann aber immer noch beliebig genaue Näherungswerte für den gesuchten Flächeninhalt bekommen.
Bei genauerem Nachdenken machen wir uns klar, daß das Streifenverfahren des Archimedes auch dazu dienen kann, den Flächeninhalt überhaupt erst zu definieren. Es ist nämlich gar nicht festgelegt, was der Inhalt einer krummlinig begrenzten Fläche überhaupt sein soll, wir haben ja noch keine Formeln dafür. Mit der Streifenmethode jedoch ist es in vielen Fällen möglich, eine Zahl zu berechnen, die ziemlich genau das beschreibt, was wir mit Flächeninhalt meinen. Nun läßt sich der Spieß aber auch umkehren: wir definieren als Flächeninhalt den gemeinsamen Grenzwert der Ober- und Untersummen. Dieses Verfahren funktioniert immer dann, wenn dieser Grenzwert existiert; existiert der Grenzwert nicht, dann bleibt das Problem des Flächeninhalts offen. Allerdings klappt das Streifenverfahren bei allen uns bisher bekannten Flächenstücken und liefert zudem in den Fällen, wo wir die Fläche schon bisher mit einer Formel aus der Elementargeometrie berechnet haben, genau denselben Wert. Das ist deshalb nicht erstaunlich, weil viele unsrer elementargeometrischen Vorstellungen in die Streifenmethode eingegangen sind.

2.4 Die Integralschreibweise

Die Streifenmethode zur Berechnung krummlinig begrenzter Flächen hat zu einer symbolischen Schreibweise für den gesuchten Flächeninhalt geführt. Betrachten wir etwa das Flächenstück unter dem Graphen G_f zwischen den Stellen a und b (genauer: zwischen den Geraden $x = a$ und $x = b$). Teilen wir das Intervall $[a; b]$ in n gleich lange Stücke der Breite Δx und wählen wir im i-ten Intervall eine Stelle $\tilde{x}_i (i \in \{1, 2, \ldots, n\})$, so läßt sich das Flächenstück mit einer Treppenfläche annähern, siehe Bild 19. Der Inhalt dieser Treppenfläche kann geschrieben werden als Summe von Rechteckflächen der Höhen $f(\tilde{x}_i)$ und der Breiten Δx, also

$$\sum_{i=1}^{n} f(\tilde{x}_i) \Delta x$$

Der Wert dieser Summe liegt natürlich zwischen den Werten der Ober- und der Untersumme zur gleichen Intervalleinteilung.

Den Grenzwert dieser Summe für beliebig feine Unterteilung $(n \to +\infty)$ verwendet man als Inhalt des betrachteten Flächenstücks. Deswegen hat sich die folgende Schreibweise eingebürgert:

$$A_a(b) = \int_a^b f(x)\,dx;$$

sprich: »Integral von a bis b von eff von ix de ix«.

$\int_a^b f(x)\,dx$ heißt bestimmtes Integral von f über $[a; b]$.

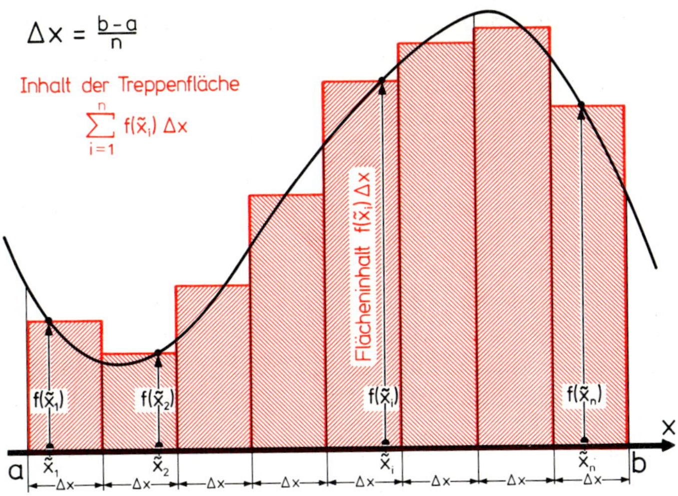

Bild 19

Das Integralzeichen ∫ ist das symbolische Überbleibsel von ∫umme. Weil a am Integralzeichen unten und b oben steht, nennt man a die untere und b die obere Grenze des bestimmten Integrals $\int_a^b f(x)dx$.

Das bestimmte Intregral ist also eine reelle Zahl, das unbestimmte Integral dagegen eine Menge von Funktionen.

Im Rechenausdruck für die Treppenfläche $\sum_{i=1}^{n} f(\tilde{x}_i)\Delta x$ haben wir die Variable x und die ausgewählten Stellen $\tilde{x}_1, \tilde{x}_2, \ldots, \tilde{x}_n$ genannt. Genau so gut hätten wir die Variable t und die ausgewählten Stellen $\tilde{t}_1, \tilde{t}_2, \ldots, \tilde{t}_n$ nennen können oder $\tilde{v}_1, \tilde{v}_2, \ldots, \tilde{v}_n$ für die Variable v; der Wert der Summe (und auch der des Integrals) ist immer derselbe, unabhängig davon, wie wir die Variable nennen, zum Beispiel x oder t oder v. Die Summe $\sum_{i=1}^{n} f(\tilde{x}_i)\Delta x$ lautet, ausgedrückt mit $\tilde{t}_i$, nun $\sum_{i=1}^{n} f(\tilde{t}_i)\Delta t$ und ausgedrückt mit $\tilde{v}_i$ lautet sie $\sum_{i=1}^{n} f(\tilde{v}_i)\Delta v$.
Deshalb schreibt man auch

$$\int_a^b f(x)dx = \int_a^b f(t)dt = \int_a^b f(v)dv = \ldots$$

Mit dem bestimmten Integral können wir nun die Flächenfunktion $x \mapsto A_k(x)$ schreiben als $x \mapsto \int_k^x f(t)dt$.

Um eine Verwechslung mit der Funktionsvariablen x zu vermeiden, nennt man die Integrationsvariable anders, zum Beispiel gern t. Wir definieren:

Definition

Die Funktion $x \mapsto \int_k^x f(t)dt$ heißt Integralfunktion von f.

f heißt Integrand oder auch Integrandenfunktion.

Wir haben oben gezeigt, daß jede Flächenfunktion A_k eine Stammfunktion ihrer (stetigen) Randfunktion f ist.
Dieser Satz lautet in unsrer neuen Sprechweise:
Jede Integralfunktion ist eine Stammfunktion der (stetigen) Integrandenfunktion, das heißt

$$\frac{d}{dx}\int_k^x f(t)\,dt = f(x);$$

anders gesagt: $\int_k^x f(t)\,dt = F(x) + c_0,$

wobei F eine beliebige Stammfunktion von f ist und c_0 eine geeignete Konstante. Zur Bestimmung von c_0 setzen wir $x = k$ und bekommen

$$\int_k^k f(t)\,dt = 0 = F(k) + c_0;$$

also ist $c_0 = -F(k)$.
Das bedeutet

$$\int_k^x f(t)\,dt = F(x) - F(k).$$

Für die Fläche unter dem Graphen von f zwischen a und b ergibt sich damit:

$$\int_a^b f(x)\,dx = F(b) - F(a),$$

F ist eine Stammfunktion der stetigen Funktion f.
Gesuchter Flächeninhalt = Funktionswert der Stammfunktion an der oberen Grenze minus Funktionswert der Stammfunktion an der unteren Grenze.

Wir berechnen bestimmte Integrale also in drei Schritten:

- **Bestimmung einer Stammfunktion** (wenn möglich!)
- **Einsetzen der oberen und unteren Grenze**
- **Bestimmung des Zahlenwerts.**

Wir empfehlen folgende Schreibweise:

$$\int_a^b f(x)\,dx = [F(x)]_a^b = F(b) - F(a).$$

Beispiel 1:

$$\int_{\frac{3}{2}}^{\frac{21}{8}} (-x^2 + 4x - 3)dx = \left[\frac{-x^3}{3} + 2x^2 - 3x\right]_{\frac{3}{2}}^{\frac{21}{8}} =$$

$$= (-\tfrac{1}{3} \cdot \tfrac{9261}{512} + 2 \cdot \tfrac{441}{16} - 3 \cdot \tfrac{21}{8}) - (-\tfrac{1}{3} \cdot \tfrac{27}{8} + 2 \cdot \tfrac{9}{4} - 3 \cdot \tfrac{3}{2}) = \tfrac{513}{512}.$$

Beispiel 2:

$$\int_0^1 x^2 dx = \left[\frac{x^3}{3}\right]_0^1 = \tfrac{1}{3} - \tfrac{0}{3} = \tfrac{1}{3}.$$

2.5 Anwendungen des bestimmten Integrals

Bisher haben wir die Integralrechnung nur dazu verwendet, Flächeninhalte zu berechnen. Für die Mathematiker mag dies zwar eine befriedigende Anwendung sein, aber es wäre sehr viel Aufwand für relativ wenig Nutzen. Die wahre Bedeutung der Integralrechnung erkennt man erst, wenn man ihre vielfältigen Anwendungsmöglichkeiten in anderen Bereichen sieht. An einigen Beispielen zeigen wir solche Anwendungsmöglichkeiten.

a) Arbeit

Für den Fall, daß eine Kraft F längs eines Wegs s parallel zum Weg wirkt und die Kraft F konstant ist, gilt für die Arbeit W:

$$W = F \cdot s.$$

Was aber, wenn die Kraft nicht konstant ist, wenn sie sich also längs des Wegs verändert? Das kommt beispielsweise bei der Spannkraft eines Gummibands vor oder bei der Erdanziehung in Abhängigkeit von der Höhe.

Nehmen wir an, daß die Kraft F vom Ort r so abhängt, daß

$$F(r) = k \cdot \frac{1}{r^2}$$

ist (wie etwa beim Newtonschen Gravitationsgesetz oder beim Coulombschen Gesetz).

Bild 20 zeigt den Kraftverlauf längs des Wegs s, als Funktion vom Ort r. Welche Arbeit müssen wir aufwenden, um einen Körper vom Gewicht F(R) auf eine Höhe 2R über der Erdoberfläche zu bringen?

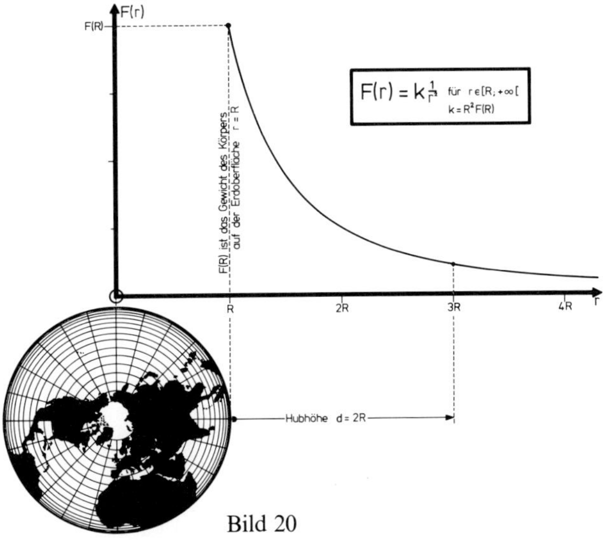

Bild 20

Die Formel $W = F \cdot s$ dürfen wir nicht anwenden, weil sie eine *konstante* Kraft voraussetzt. Auf hinreichend kleinen Wegstücken ändert sich die Kraft nicht merklich. Wir unterteilen also den Weg in kleine Stücke Δr. Für die Transportarbeit längs eines solchen Stücks Δr ist $\Delta W_i \approx F(\tilde{r}_i) \cdot \Delta r$, wobei $\tilde{r}_i$ irgendein Punkt auf dem i-ten Wegstück Δr ist (Bild 21). Will man nun den Körper von der Erdoberfläche auf die Höhe 2R über der Erdoberfläche bringen, so muß man die Arbeit

$$W \approx \sum_{R \leqq \tilde{r}_i \leqq 3R} \Delta W_i{}^{1)} = \sum_{R \leqq \tilde{r}_i \leqq 3R} F(\tilde{r}_i) \Delta r$$

aufwenden. Diese Summe erinnert an die Summen, die wir bei der Streifenmethode zur Integralberechnung kennengelernt haben. Wie dort hat man das Gefühl, daß der angestrebte Wert (dort der Flächeninhalt, hier die Gesamtarbeit) umso genauer erreicht wird, je kleiner man Δr wählt.

Man definiert daher naheliegend die Arbeit als Integral der Kraftfunktion F über dem Weg s, hier

$$W = \int_R^{3R} F(r) dr.$$

In Bild 22 ist also der Flächeninhalt ein Maß für die aufgewendete Arbeit. In unserem Fall ergibt sich

$$W = \int_R^{3R} \frac{k}{r^2} dr = \left[-\frac{k}{r} \right]_R^{3R} = -\frac{k}{3R} - \left(-\frac{k}{R} \right) = \frac{-k + 3k}{3R} = \frac{2}{3} \cdot \frac{k}{R}$$

Nun ist $k = R^2 \cdot F(R)$ und $F(R)$ das Gewicht des Körpers auf der Erdoberfläche. Um einen Körper mit dem Gewicht $G = 10$ N von der Erdoberfläche ($R = 6{,}37 \cdot 10^6$ m) auf die Höhe 3R zu bringen, muß man also die Arbeit

$$W = \frac{2}{3} \frac{R^2 F(R)}{R} = \frac{2}{3} R F(R) = \frac{2}{3} \cdot 6{,}37 \cdot 10^6 \text{ m} \cdot 10 \text{ N}$$

$$W = 4{,}25 \cdot 10^7 \text{ J}$$

aufwenden.

[1]) Unter $\sum_{R \leqq r_i \leqq 3R} \Delta W_i$ verstehen wir die Summe aller ΔW_i, für die r_i zwischen R und 3R liegt.

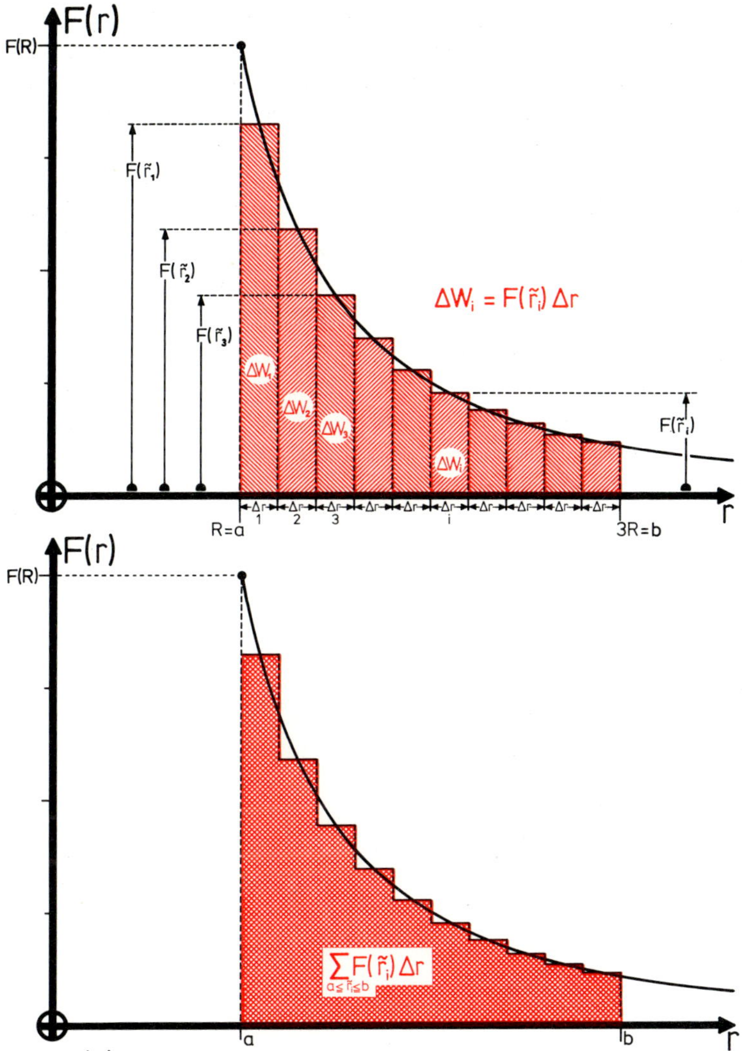

Bild 21

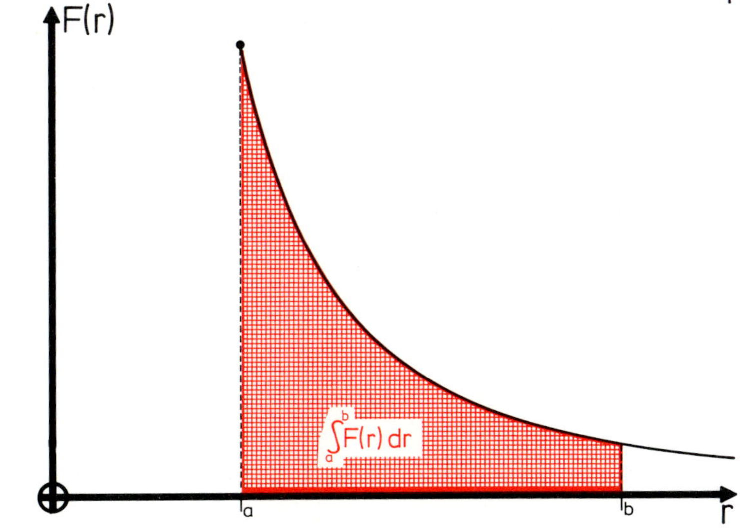

Bild 22

b) Weg

Bewegt sich ein Körper gleichförmig, also mit konstanter Geschwindigkeit v, so errechnet sich der in der Zeit t zurückgelegte Weg s(t) zu

$$s(t) = v \cdot t\,.$$

Was aber, wenn die Geschwindigkeit v nicht konstant ist, sich also mit der Zeit verändert (wie zum Beispiel beim freien Fall oder beim Anfahren eines Fahrzeugs)?
Nehmen wir an, daß sich die Geschwindigkeit v so verändert, daß

$$v(t) = a \cdot t \text{ ist.}$$

Bild 23

Bild 23 zeigt den Verlauf der Geschwindigkeit in Abhängigkeit von der Zeit.
Welchen Weg s hat dann ein Körper in der Zeit zwischen t_A und t_E zurückgelegt?
Ähnlich wie im Beispiel **a)** unterteilen wir die Zeitspanne zwischen t_A und t_E in so kleine Zeitabschnitte Δt, daß die Geschwindigkeit v während Δt annähernd konstant ist. Für den Gesamtweg s ergibt sich dann mit

$$\Delta s_i = v(\tilde{t}_i) \cdot \Delta t,$$

($\tilde{t}_i$ ist wieder irgendein Zeitpunkt im i-ten Zeitabschnitt):

$$s \approx \sum_{t_A \leq \tilde{t}_i \leq t_E} v(\tilde{t}_i) \cdot \Delta t,$$

siehe Bild 24.

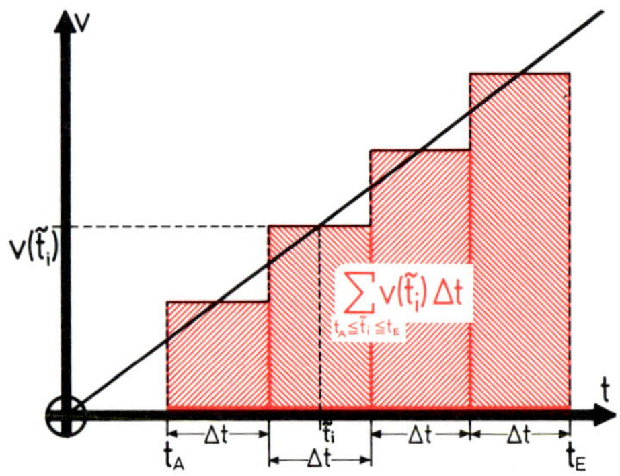

Bild 24

Dies führt (ähnlich wie oben) zur Definition des Gesamtwegs s als Integral

$$s = \int_{t_A}^{t_E} v(t)\,dt\,.$$

In Bild 25 ist der Inhalt der Fläche zwischen dem Graphen und der t-Achse ein Maß für den zurückgelegten Weg. Wir berechnen

$$s = \int_{t_A}^{t_E} at\,dt = \left[\frac{1}{2}at^2\right]_{t_A}^{t_E} = \frac{1}{2}at_E^2 - \frac{1}{2}at_A^2\,.$$

Dasselbe Ergebnis liefert eine elementare geometrische Berechnung der Trapezfläche $A = \frac{a+b}{2} \cdot h$, hier

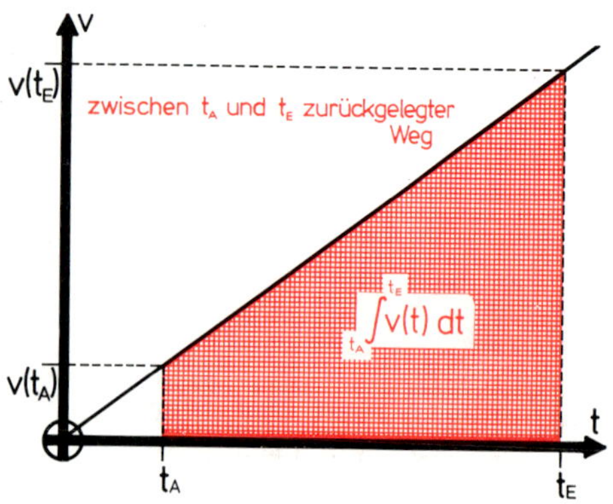

Bild 25

$$A = \tfrac{1}{2}(at_E + at_A)(t_E - t_A) = \tfrac{1}{2}a(t_E^2 - t_A^2)\,.$$

c) Mittelwerte

Während der Zeitspanne t_A bis t_E verändert der Körper aus unserem Beispiel b) ständig seine (Momentan-)Geschwindigkeit. Welche Geschwindigkeit $\bar{v}$ müßte ein gleichförmig bewegter Körper haben, der in derselben Zeitspanne t_A bis t_E denselben Weg s zurücklegt? Weil $\bar{v}$ konstant ist, gilt

$$\bar{v} = \frac{s}{t_E - t_A} = \frac{1}{t_E - t_A} \int_{t_A}^{t_E} v(t)\,dt .$$

Wir berechnen mit den Werten von vorhin

$$\bar{v} = \frac{1}{t_E - t_A} \left(\tfrac{1}{2} a t_E^2 - \tfrac{1}{2} a t_A^2\right) = \tfrac{1}{2} a \, \frac{(t_E - t_A)(t_E + t_A)}{t_E - t_A} =$$

$$= \tfrac{1}{2} a (t_E + t_A).$$

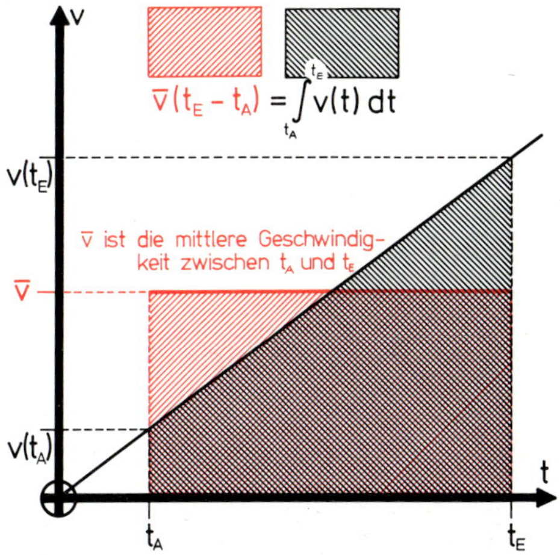

Bild 26

Bild 26 zeigt, daß wir damit die Fläche unter der Kurve durch ein gleich großes Rechteck über demselben Intervall von t_A bis t_E ersetzen. Üblicherweise nennt man $\bar{v}$ die **mittlere Geschwindigkeit** während der Zeitspanne von t_A bis t_E. Analog definiert man den Mittelwert $\bar{f}$ der Funktion f über dem Intervall [a; b]

$$\bar{f} = \frac{1}{b - a} \int_a^b f(x)\,dx .$$

Eine Anwendung dieser Definition ist die Berechnung der mittleren Tagestemperatur $\bar{T}$. Der Temperaturverlauf während eines Tages sei gegeben durch eine Funktion mit dem Term

$$T(t) = -\tfrac{1}{10}(t^2 - 20t - 100),$$

wobei t die Stunden zählt, siehe Bild 27. Dann ist

$$\bar{T} = \frac{1}{24 - 0} \int_0^{24} -\tfrac{1}{10}(t^2 - 20t - 100)\,dt =$$

$$= \tfrac{1}{24} \left[-\tfrac{1}{10}\left(\tfrac{1}{3} t^3 - 10t^2 - 100t\right)\right]_0^{24} =$$

$$= -\tfrac{1}{24} \left[\tfrac{t}{10}\left(\tfrac{1}{3} t^2 - 10t - 100\right)\right]_0^{24} =$$

$$= -\tfrac{1}{240} \cdot 24 \cdot (8 \cdot 24 - 240 - 100) - 0 =$$

$$= -\tfrac{1}{10}(-148) =$$

$$= 14{,}8 .$$

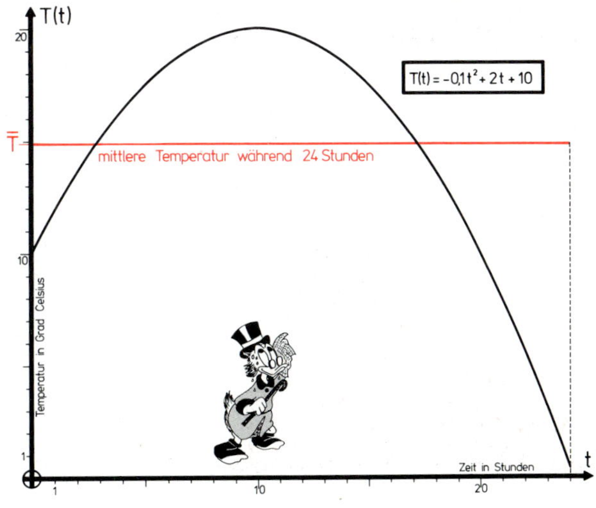

Bild 27

d) Volumen

Die Berechnung von Rauminhalten scheint zunächst viel schwieriger zu sein als die von Flächeninhalten. Es zeigt sich jedoch, daß dieselbe Überlegung auch hier zum Ziel führt. Statt die Fläche in Streifen zu zerschneiden, zerschneiden wir nun den Körper in Scheiben.
Betrachten wir dazu ein Sektglas mit parabelförmigem Umriß: Der Graph der Parabel $y = \frac{\sqrt{6}}{4} x^2$ beschreibe diesen Umriß, siehe Bild 28.

Als Ware erster Qualität ist unser Glas rotationssymmetrisch. Also ist die Querschnittsfläche in der Höhe y über dem Glasboden

$$A(y) = \pi x^2 = \pi \frac{4}{\sqrt{6}} y$$

(siehe Bild 29).

Wir zerschneiden in Gedanken den Sektkelch in gleich hohe Scheiben von so kleiner Höhe Δy, daß wir guten Gewissens die Scheiben als Zylinder betrachten dürfen. Jede Scheibe hat dann ungefähr den Rauminhalt $A(\tilde{y}_i) \cdot \Delta y$, wobei $\tilde{y}_i$ ein geeigneter Zwischenwert ist, siehe Bild 30.

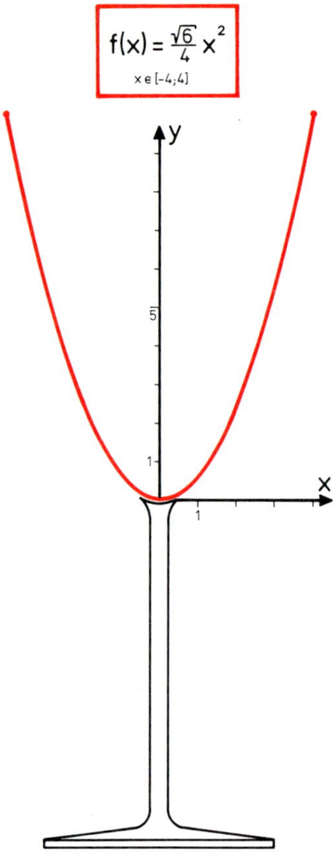

Bild 28

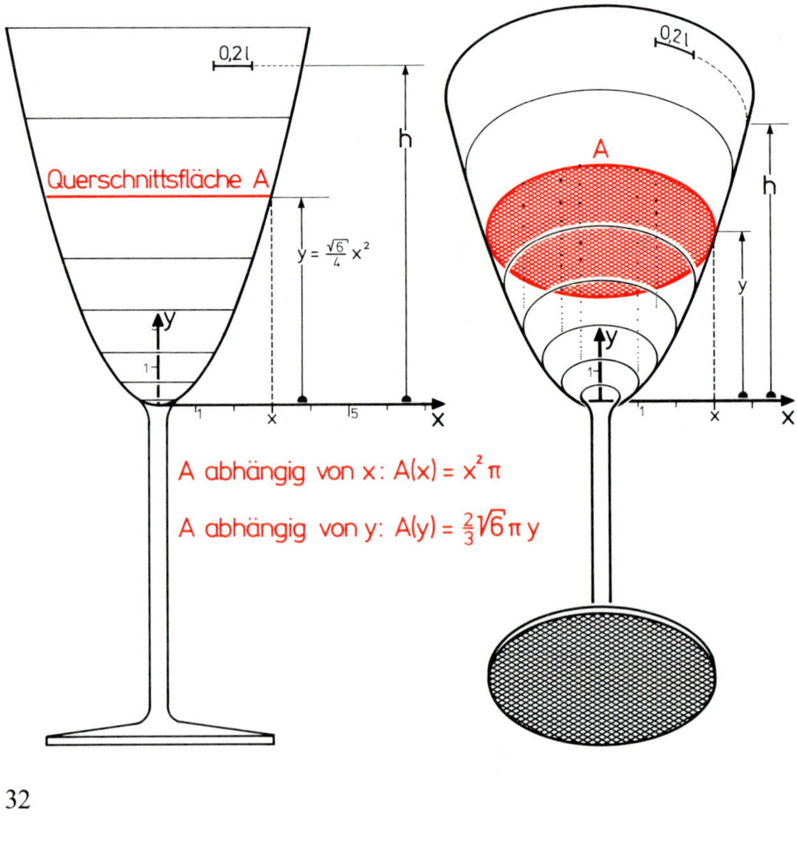

Bild 29

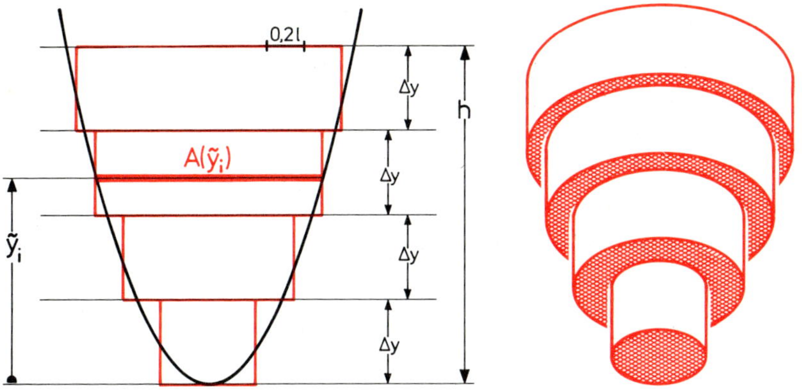

Bild 30

Der gesuchte Rauminhalt ist

$$V \approx \sum_{0 \leqq \tilde{y}_i \leqq h} A(\tilde{y}_i) \cdot \Delta y .$$

Definieren wir

$$V = \int_0^h A(y)\,dy, \quad \text{so ergibt sich}$$

$$V = \int_0^h \pi \frac{4}{\sqrt{6}}\, y\, dy = \left[\pi \frac{4}{\sqrt{6}} \frac{y^2}{2}\right]_0^h = \pi \frac{4}{\sqrt{6}} \frac{h^2}{2} = \pi \sqrt{\frac{2}{3}}\, h^2 .$$

HAT ER EIGENTLICH SCHON EINEN SCHWIPS?

Ebenso lassen sich Rauminhalte weiterer Körper berechnen, wenn man die Flächenfunktion in Abhängigkeit von der Höhe kennt, wie zum Beispiel bei einer Kugel.
Schauen wir uns auch dieses Beispiel noch an. Der Graph für den Umriß ist ein Kreis mit der Gleichung

$$x^2 + y^2 = r^2$$

siehe Bild 31.

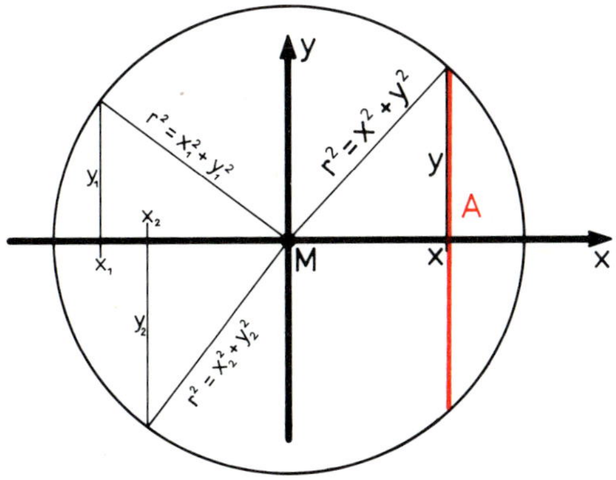

Bild 31

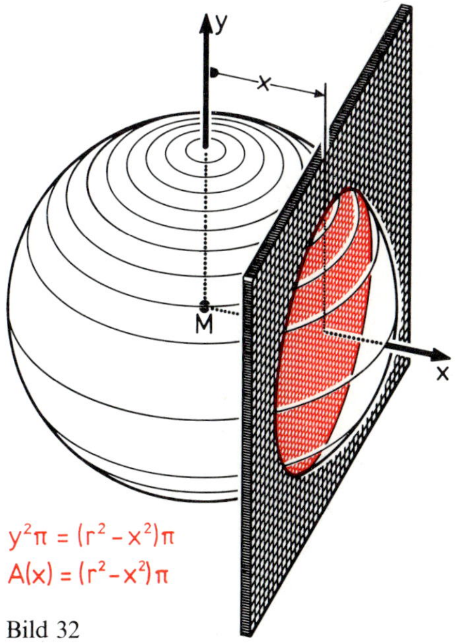

$y^2\pi = (r^2 - x^2)\pi$
$A(x) = (r^2 - x^2)\pi$

Bild 32

Die Querschnittsfläche hat im Abstand x vom Mittelpunkt M den Inhalt

$$A(x) = \pi(r^2 - x^2),$$

siehe Bild 31 und 32.
Für das Volumen ergibt sich dann

$$V = \int_{-r}^{+r} A(x)\,dx = \int_{-r}^{+r} \pi(r^2 - x^2)\,dx = \left[\pi\left(r^2 x - \frac{x^3}{3}\right)\right]_{-r}^{r} =$$
$$= 2\pi\left(r^3 - \frac{r^3}{3}\right) = \frac{4}{3}\pi r^3.$$

Erfreulicherweise stimmt dieses Ergebnis mit dem bereits bekannten Kugelvolumen überein.

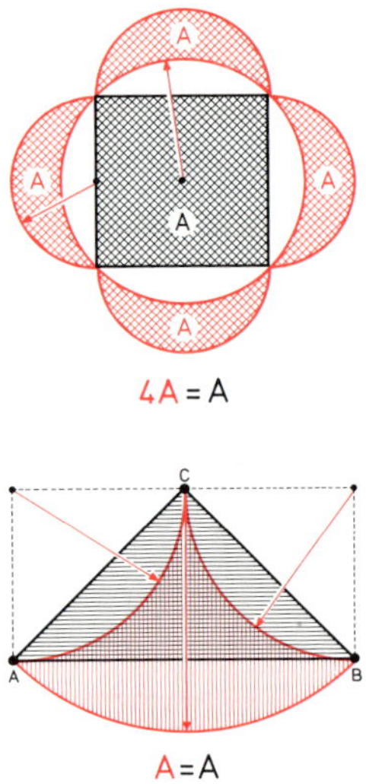

Bild 33

Aufgaben zu 2.1

1. Wie lauten die Formeln zur Berechnung der Flächen von
a) Rechtecken, **b)** Dreiecken, **c)** Trapezen, **d)** Kreisen?

2. Berechne die Fläche eines Kreissegments bei einem Kreis mit Radius 1, dessen Mittelpunktswinkel
a) 30°, **b)** 45°, **c)** 90°, **d)** 180°
beträgt. Fertige jeweils eine Skizze an!

3. a) Zeige, daß die Summe der vier Sichelflächen (s. Bild 33) gleich der Fläche des Quadrats ist.
b) Zeige, daß die Fläche des Hackebeilchens gleich der Fläche des Dreiecks ABC ist.

4. Zeichne folgende Flächen
a) $\{(x|y)|0 \leqq x \leqq 5 \text{ und } 0 \leqq y \leqq 2x\}$
b) $\{(x|y)|1 \leqq x \leqq 4 \text{ und } 0 \leqq y \leqq x+1\}$
c) $\{(x|y)|-2 \leqq x \leqq 1 \text{ und } 0 \leqq y \leqq 3 - \frac{1}{2}x\}$

5. Zeichne folgende Flächen
a) $\{(x|y)|0 \leqq x \leqq 2 \text{ und } 0 \leqq y \leqq x^2\}$
b) $\{(x|y)|1 \leqq x \leqq 3 \text{ und } 0 \leqq y \leqq -x^2 + 2x + 4\}$
c) $\{(x|y)|1 \leqq x \leqq 2 \text{ und } 0 \leqq y \leqq -x^2 + 2x\}$

Aufgaben zu 2.2

6. $f(x) = -x^2 + 4x - 3; \quad D_f = [1; 3]$
Gib die Flächenfunktion $A_{1,5}$ an und berechne damit die Flächen
a) $\{(x|y)|1{,}5 \leqq x \leqq 2 \text{ und } 0 \leqq y \leqq f(x)\}$
b) $\{(x|y)|1{,}5 \leqq x \leqq 2{,}5 \text{ und } 0 \leqq y \leqq f(x)\}$
c) $\{(x|y)|1{,}5 \leqq x \leqq 3 \text{ und } 0 \leqq y \leqq f(x)\}$

7. $f(x) = -x^2 + 4x - 3;\quad D_f = [1; 3]$
Berechne die Flächenfunktionen

a) A_1 **b)** A_2 **c)** $A_{2,5}$

8. $f(x) = -x^2 + 4x - 3;\quad D_f = [1; 3]$
Berechne folgende Flächen (vgl. Aufgabe **7**!)

a) $\{(x|y)|1 \leqq x \leqq 2$ und $0 \leqq y \leqq f(x)\}$
b) $\{(x|y)|2 \leqq x \leqq 3$ und $0 \leqq y \leqq f(x)\}$
c) $\{(x|y)|2{,}5 \leqq x \leqq 3$ und $0 \leqq y \leqq f(x)\}$
d) $\{(x|y)|2{,}9 \leqq x \leqq 2{,}9$ und $0 \leqq y \leqq f(x)\}$

9. Berechne zu folgenden Funktionen jeweils die Flächenfunktion A_0 (die Definitionsmenge sei jeweils $[0; 1]$).

a) $a(x) = x$ **b)** $b(x) = 2$ **c)** $c(x) = 2x + 1$
d) $d(x) = x^2$ **e)** $e(x) = 1 - x^2$ **f)** $f(x) = 2x^2 - 5x + 8$
g) $g(x) = \sin x$ **h)** $h(x) = \cos x$ **i)** $i(x) = x + \sin x$

10. $f(x) = x;\quad D_f = \mathbb{R}_0^+$
Berechne die Flächenfunktion A_1 und A_3 und damit die Flächen

a) $\{(x|y)|1 \leqq x \leqq 2$ und $0 \leqq y \leqq f(x)\}$
b) $\{(x|y)|3 \leqq x \leqq 5$ und $0 \leqq y \leqq f(x)\}$
c) $\{(x|y)|3 \leqq x \leqq \pi$ und $0 \leqq y \leqq f(x)\}$

Berechne zum Vergleich die Flächen auch elementargeometrisch.

• **11.** A_k: $x \mapsto x + 1;\quad D = [-1; \infty[$
A_k ist eine Flächenfunktion. Welche Randfunktion f begrenzt die betrachtete Fläche? Welchen Wert hat k? Skizze!

• **12.** f: $x \mapsto 2x + 1;\quad D = [-\frac{1}{2}; \infty[$
Gib drei verschiedene Flächenfunktionen an, bei denen f eine Randfunktion ist. Gib jeweils auch k an.

Aufgaben zu 2.3

13. Was bedeutet die Streifenmethode bei einem Rechteck?
Nimm zum Beispiel die Funktion f: $x \mapsto 2$; $D_f = \mathbb{R}$ und berechne den Flächeninhalt $A_1(5)$.

14. Berechne Ober- und Untersummen für eine Unterteilung in

a) 2 **b)** 4 **c)** 8

Streifen für die Fläche

$F = \{(x|y)|0 \leqq x \leqq 4$ und $0 \leqq y \leqq x\}$
$G = \{(x|y)|1 \leqq x \leqq 2$ und $0 \leqq y \leqq \frac{1}{2}x + 1\}$

15. Berechne mit Hilfe der Streifenmethode den Flächeninhalt von

a) $F = \{(x|y)|0 \leqq x \leqq 4$ und $0 \leqq y \leqq x\}$
b) $G = \{(x|y)|0 \leqq x \leqq 2$ und $0 \leqq y \leqq \frac{1}{2}x + 2\}$
c) $H = \{(x|y)|0 \leqq x \leqq 2$ und $0 \leqq y \leqq x^2\}$

16. f: $x \mapsto 4 - x$; $D_f = [0; 4]$
Berechne die Ober- und Untersumme für eine Einteilung in vier Streifen für die Fläche $F = \{(x|y) | 0 \leqq x \leqq 4 \text{ und } 0 \leqq y \leqq f(x)\}$. Beachte die Monotonie von G_f! Berechne anschließend allgemein für n Streifen die Ober- und Untersumme und daraus schließlich den Flächeninhalt. Vergleiche ihn mit dem Flächeninhalt, den man nach der Formel für die Fläche eines Dreiecks erhält.

17. Berechne mit Hilfe der Streifenmethode den Flächeninhalt

a) $F = \{(x|y) | 0 \leqq x \leqq 1 \text{ und } 0 \leqq y \leqq 1 - x^2\}$
b) $G = \{(x|y) | 0 \leqq x \leqq 1 \text{ und } 0 \leqq y \leqq 2 - x^2\}$

18. Für die Schrittweiten 1, $\frac{1}{2}$, $\frac{1}{4}$ und $\frac{1}{8}$ (Rechner benutzen!) sind die Ober- und Untersumme und deren Unterschied zu berechnen bei der Fläche

a) $F = \{(x|y) | 0 \leqq x \leqq 1 \text{ und } 0 \leqq y \leqq x\}$
b) $G = \{(x|y) | 0 \leqq x \leqq 1 \text{ und } 0 \leqq y \leqq 1 - x^2\}$
c) $H = \{(x|y) | 0 \leqq x \leqq 1 \text{ und } 0 \leqq y \leqq \frac{1}{\cos x}\}$.

Skizziere zunächst jeweils den Funktionsgraphen.

Aufgaben zu 2.4

19. Schreibe A_k als Integralfunktion $x \mapsto \int_k^x f(t)\,dt$ mit geeigneter Integrandenfunktion f.

a) $A_0(x) = x$ **b)** $A_0(x) = 2x + x^2$
c) $A_0(x) = \sin x$ **d)** $A_1(x) = 1 - x$
e) $A_1(x) = x^2 - 1$ **f)** $A_{-1}(x) = -x^2 + 1$

20. Berechne die beiden ersten Ableitungen folgender Integralfunktionen

a) $a(x) = \int_0^x t\,dt$ **b)** $b(x) = \int_1^x t\,dt$
c) $c(x) = \int_0^x (t^2 - t + 1)\,dt$ **d)** $d(x) = \int_0^x \sin t\,dt$
e) $e(x) = \int_0^x \sqrt{t}\,dt$ **f)** $f(x) = \int_{1054}^x (t^3 - 1)\cos t\,dt$

21. Berechne

a) $\int_0^2 x\,dx$ **b)** $\int_1^3 x\,dx$ **c)** $\int_{-2}^0 (-x)\,dx$
d) $\int_1^2 x^2\,dx$ **e)** $\int_{-2}^{-1} x^2\,dx$ **f)** $\int_{-2}^2 x^2\,dx$
g) $\int_0^{\frac{\pi}{2}} \sin x\,dx$ **h)** $\int_0^{\frac{\pi}{2}} \cos x\,dx$ **i)** $\int_{732}^{2000} dx$

22. Berechne und deute geometrisch

a) $\int_0^2 x\,dx$ **b)** $\int_0^2 (x+1)\,dx$ **c)** $\int_0^2 (2-x)\,dx$ **d)** $\int_0^2 (3-x)\,dx$

23. Vergleiche die Werte

a) $\int_0^1 dx$ **b)** $\int_0^1 x\,dx$ **c)** $\int_0^1 x^2\,dx$ **d)** $\int_0^1 x^3\,dx$ **e)** $\int_0^1 x^n\,dx$

2

24. Berechne

a) $\int_0^1 (x^2+x)\,dx$ **b)** $\int_1^2 (x^2+x)\,dx$ **c)** $\int_0^2 (x^2+x)\,dx$

25. Berechne die Fläche, die von der Parabel mit der Gleichung $y = 1 - x^2$ und der x-Achse begrenzt wird.

26. $f(x) = \begin{cases} x & \text{für } x \leqq 1 \\ 1 & \text{für } x > 1 \end{cases}$

Berechne

a) $\int_0^1 f(x)\,dx$ **b)** $\int_1^2 f(x)\,dx$ **c)** $\int_0^2 f(x)\,dx$

27. Gib eine Integralfunktion zur Integrandenfunktion $f\colon x \mapsto x^2$; $D_f = \mathbb{R}$ an, die

a) an der Stelle 1 den Funktionswert 0

b) an der Stelle a den Funktionswert b hat.

28. Berechne die Fläche zwischen der x-Achse und G_f im Bereich von $x = a$ bis $x = b$.

a) $f(x) = x^3$ $a = 0$ $b = 1$

b) $f(x) = x^3$ $a = 1$ $b = 2$

c) $f(x) = -x^2 + x$ $a = -1$ $b = 0$

29. Berechne die Fläche zwischen G_f und der x-Achse für

a) $f\colon x \mapsto 2 - x - x^2$

b) $f\colon x \mapsto x^2 \cdot (x+2)$

30. Zeige durch Integration geeigneter Funktionen, daß die Formeln für die Flächeninhalte mit den Ergebnissen unserer Integrationen übereinstimmen

a) für das Dreieck $A = \frac{1}{2} \cdot g \cdot h$

b) für das Trapez $A = \frac{1}{2} \cdot (a+b) \cdot h$

31. Berechne

a) $\int_0^1 (x - x^2)\,dx$ **b)** $\int_2^3 x^2\,dx$

c) $\int_2^3 t^2\,dt$ **d)** $\int_{-2}^{+2} v^2\,dv$

e) $\int_0^b (ax - x^2)dx$ f) $\int_0^b (ax - x^2)da$

g) $\int_0^b (ax - x^2)dt$

2

32. $f(x) = \begin{cases} \frac{1}{2}x + \frac{1}{2} & \text{für } x \in [0; 3] \\ -x + 5 & \text{für } x \in]3; 4] \end{cases}$

Berechne

a) $\int_0^3 f(x)dx$ b) $\int_3^4 f(x)dx$ c) $\int_0^4 f(x)dx$

●33. $f_a(x) = x^3 - ax; \quad D_{f_a} = \mathbb{R}; \quad a \geqq 0$

a) Diskutiere die Kurvenschar (Nullstellen, Extrema, Wendepunkte) und zeichne die Graphen von f_3 und f_0

b) t_a sei die Tangente an G_{f_a} im Punkt $B(-1|b)$.
Berechne den Inhalt des Flächenstücks zwischen t_a und G_{f_a} für $a = 3$, $a = 0$ und allgemein.

34. $f(x) = \sqrt{4 - x^2}; \quad D_f = [-2; 2]$

a) Zeige, daß für $(x_0|y_0) \in G_f$ gilt $x_0^2 + y_0^2 = 4$.
Was folgt daraus für die Form von G_f?

b) Berechne mit Hilfe geometrischer Überlegungen

$\int_{-2}^{+2} f(x)dx; \quad \int_0^2 f(x)dx; \quad \int_0^1 f(x)dx; \quad \int_1^2 f(x)dx$

35. Berechne $\int_0^2 \sqrt{9 - x^2}dx$, indem du den Kreis $x^2 + y^2 = 9$ betrachtest.

36. Berechne folgende Integrale durch geometrische Überlegungen

a) $\int_0^2 xdx$ b) $\int_1^4 xdx$ c) $\int_{-3}^5 dx$

d) $\int_0^2 (x + 1)dx$ e) $\int_1^4 (5 - x)dx$ f) $\int_2^{2,5} (\frac{1}{2}x + 3)dx$

●37. Gib s_4 und S_4, s_8 und S_8 an

a) $\int_1^3 (2x - 2)dx$ b) $\int_1^2 \frac{1}{x}dx$ c) $\int_1^2 \frac{1}{x^2}dx$

●38. $f(x) = \begin{cases} x + 2 & x \in [1; 2] \\ -\frac{1}{2}x + 4 & x \in]2; 3] \end{cases}; \quad \int_1^3 f(x)dx$

a) Gib s_4 und S_4 an
b) Gib s_8 und S_8 an
} gleichmäßige Einteilung

Aufgaben zu 2.5

39. Berechne die Arbeit, die man verrichten müßte, um einen Körper vom Gewicht $G = 10\,N$ (auf der Erdoberfläche) auf die Höhe $k \cdot R$ zu heben.

$R = 6{,}37 \; 10^6$ m ist dabei der Erdradius.
Rechne für $k = 2$, $k = 10$, $k = 100$.
Was ergibt sich für $k \to \infty$?

40. Ein Punkt bewegt sich auf der t-Achse so, daß seine Geschwindigkeit immer gleich seinem Abszissenwert (also $v = t \frac{m}{s}$) ist. Er startet

a) vom Punkt $t = 1$
b) vom Punkt $t = 2$

Wo ist er 1 s, 2 s und 10 s nach dem Start?

41. Ein Körper bewegt sich mit der Geschwindigkeit $v = t^2 \frac{m}{s}$. Wie groß ist seine mittlere Geschwindigkeit $\bar{v}$ während der 1. Sekunde, während der ersten zwei Sekunden, während der ersten 10 Sekunden und während der zweiten Sekunde?

42. Wie groß ist bei einem Temperaturverlauf
$T(t) = -\frac{1}{10}(t^2 - 20\,t - 100)$ die mittlere Temperatur in der ersten Tageshälfte, in der zweiten Tageshälfte, zwischen 6 und 18 Uhr?

43. Wie groß ist die Sektmenge in dem Sektglas von Seite 32, wenn es nur bis zu $\frac{h}{2}$ beziehungsweise bis $\frac{h}{4}$ gefüllt ist?

44. Berechne das Volumen eines Zylinders der Höhe h und der Querschnittfläche $A(y) = r^2\pi$ durch Integration.

45. Berechne den Inhalt eines rotarionssymetrischen Glases, dessen Querschnittsfläche $A(y) = 4\pi y^2$ ist. Die Höhe sei h. Skizze!

3. Kapitel:

Das bestimmte Integral, die Integralfunktion

Bisher haben wir nur positive Funktionen integriert. Außerdem mußte die untere Integrationsgrenze (das ist die am Integral untenstehende) kleiner sein als die obere. Diese Einschränkungen heben wir jetzt auf.

3.1 Integranden, die auch negativ werden können

Im zweiten Kapitel haben wir die Tagesmitteltemperatur berechnet, indem wir das Integral über die Temperaturfunktion des Tages $\int_0^{24} T(t)dt$ dividiert haben durch 24, die Länge des Integrationsintervalls. Dort waren die Temperaturen positiv. Nicht jeder Tag ist so warm. Was tun wir bei winterlichen Temperaturen?
An einem solchen Tag sei die Temperatur gegeben durch die Funktion $T: t \mapsto -\frac{1}{10}(t^2 - 20t + 30)$; $D_T = [0; 24[$. Wir bilden die Tagesmitteltemperatur als arithmetisches Mittel der stündlich registrierten Meßwerte von 0 Uhr bis 23 Uhr. Das entspricht einer Streifenmethode mit 24 Streifen. Dabei werden die Streifenflächen **unter** der Zeitachse **negativ** gezählt, das ist für uns neu (Bild 34).

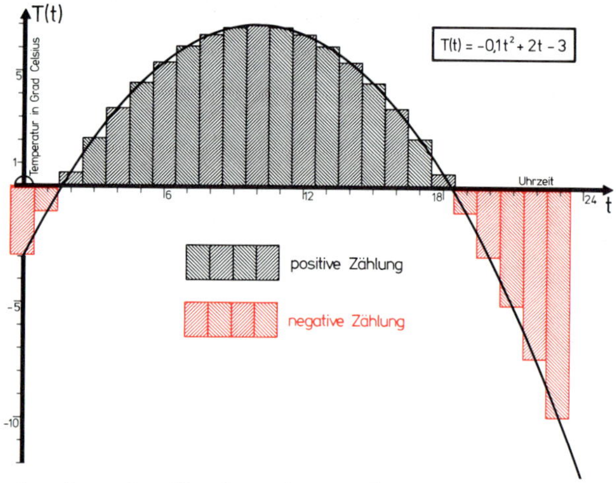

Bild 34

Für die einzelnen Streifen berechnen wir

t	0	1	2	3	4	5	6	7	8
T(t) in °C	−3	−1,1	0, 6	2,1	3,4	4,5	5,4	6,1	6,6

t	9	10	11	12	13	14	15	16	17
T(t) in °C	6,9	7,0	6,9	6,6	6,1	5,4	4,5	3,4	2,1

t	18	19	20	21	22	23
T(t) in °C	0,6	−1,1	−3,0	−5,1	−7,4	−9,9

Als Mittelwert der Temperatur in °C ergibt sich $\frac{47{,}6}{24} = 1{,}98$.

Um den Meßaufwand zu verringern, begnügen sich die Meteorologen mit einem Mittelwert, der sich einfacher berechnen läßt:

Sie messen die Temperatur um 7 Uhr, 14 Uhr und 21 Uhr und berechnen (in °C) den Wert $T_m = \frac{T(7) + T(14) + 2T(21)}{4}$.

In unserem Beispiel ist dann $T_m = \frac{6{,}1 + 5{,}4 - 10{,}2}{4} = 0{,}325$.

Dieser Wert weicht von dem Mittelwert, den wir mit der Streifenmethode berechnet haben, erheblich ab. Trotzdem hat sich der meteorologische Mittelwert in langjähriger Erfahrung bewährt.
Wenn wir die Tagesmitteltemperatur durch Integration berechnen wollen, dann müssen wir das bestimmte Integral auch für negative Integranden f erklären.
Die Berechnung mit Ober- und Untersumme verläuft wie bisher. Dazu definieren wir die Obersumme S_n und die Untersumme s_n:

Definition

Sind die Zahlen M_i die Maxima und die Zahlen m_i die Minima der Funktion f im i-ten Intervall und ist Δx die gleichbleibende Streifenbreite, dann ist

$S_n := \sum_{i=1}^{n} M_i \Delta x$ eine Obersumme (vgl. Bild 35) und

$s_n := \sum_{i=1}^{n} m_i \Delta x$ eine Untersumme (vgl. Bild 37).

Mit diesen Begriffen definieren wir das bestimmte Integral einer Funktion f:

Definition

f heißt integrierbar über [a; b], wenn $\lim_{n \to \infty} S_n = \lim_{n \to \infty} s_n$.

Der gemeinsame Grenzwert heißt $\int_a^b f(x)\,dx$.

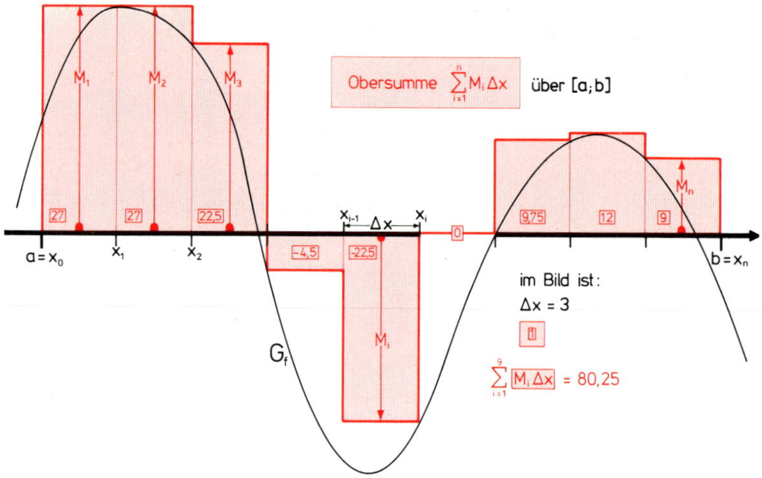

Bild 35

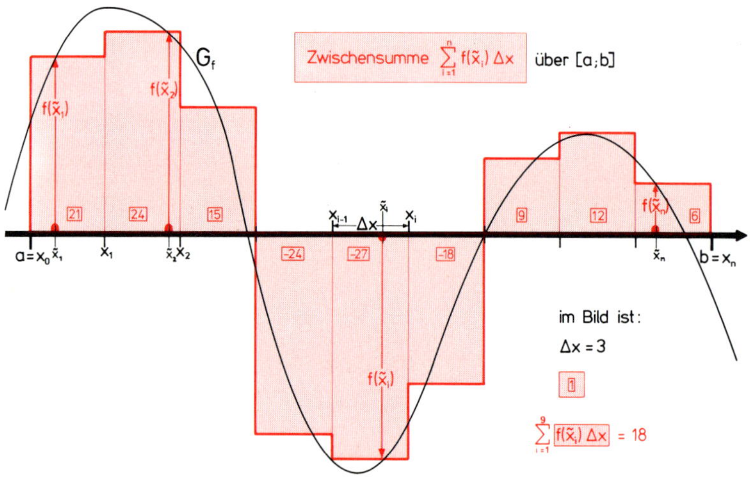

Bild 36

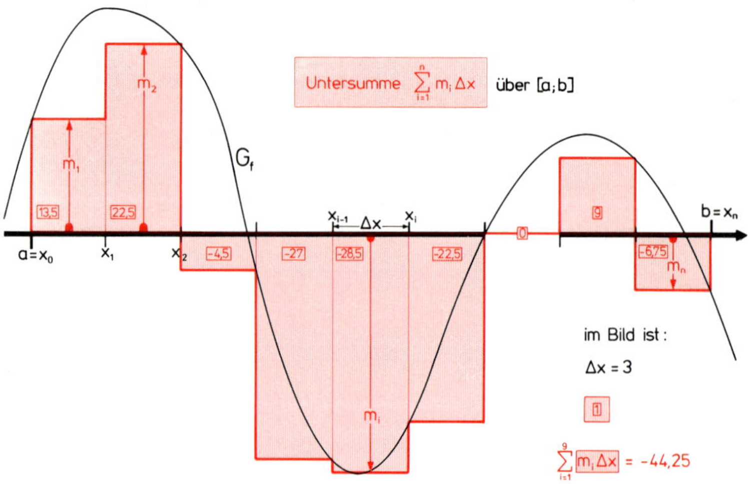

Bild 37

Nach dieser Definition des bestimmten Integrals werden die über der Abszissenachse liegenden Flächenstücke positiv, die unter der Abszissenachse liegenden Flächenstücke negativ gezählt (Bild 38).

Bild 38

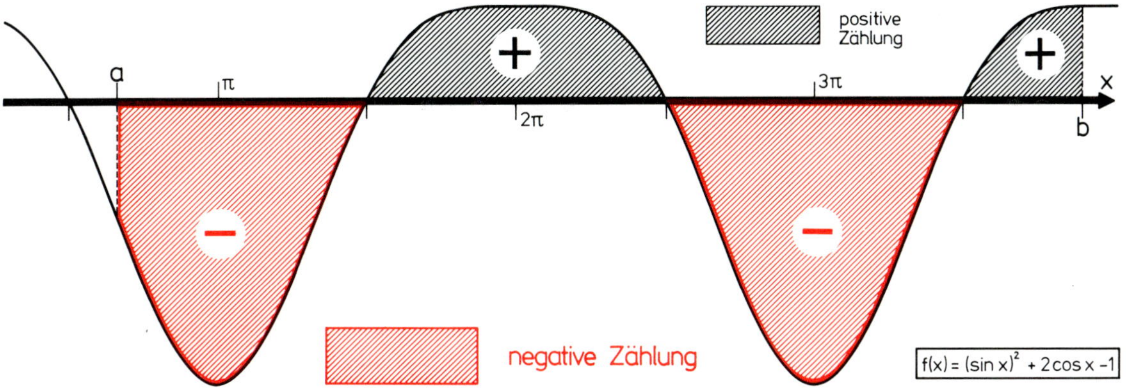

Das bestimmte Integral $\int_a^b f(x)dx$ liefert also die Flächenbilanz der Flächenstücke von a bis b.

$\int_a^b f(x)dx = 0$ bedeutet also nicht zwangsläufig $f = 0$, sondern nur, daß die über der Abszissenachse liegenden Flächenstücke denselben Flächeninhalt haben wie die unter ihr liegenden (Bild 39).

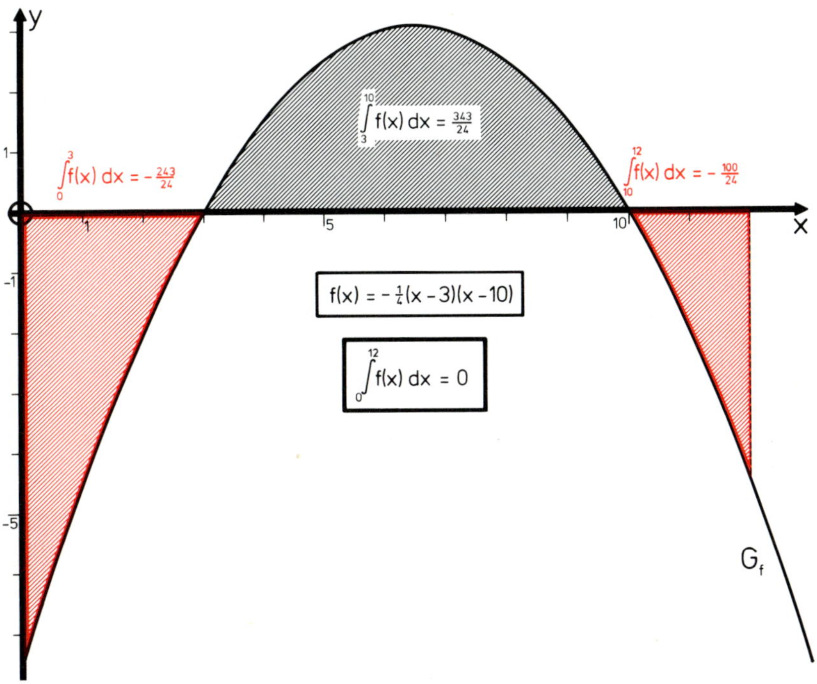

Bild 39

Will man tatsächlich die Gesamtfläche A zwischen dem Graphen G_f und der Abszissenachse haben, so muß man alle Flächenstücke addieren, das heißt

$$A = \int_a^b |f(x)|\,dx\,.$$

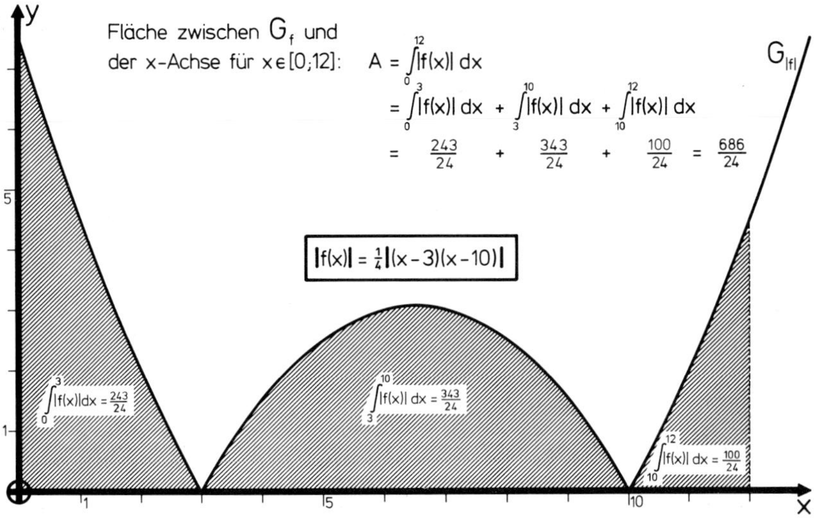

Bild 40

Bemerkung:

1. Die Streifenmethode funktioniert auch noch bei manchen unstetigen Funktionen.
2. Die Abänderung einzelner Funktionswerte ändert am Wert des bestimmten Integrals nichts. Sie betrifft jeweils höchstens zwei Rechtecke, deren Inhalt beim Grenzübergang $n \to \infty$ Null wird.
3. Das Fehlen einzelner Funktionswerte stört beim bestimmten Integral nicht. Man muß eventuell anstelle des Maximums das Supremum und anstelle des Minimums das Infimum nehmen.

3.2 Der Hauptsatz der Differential- und Integralrechnung

Für das praktische Auswerten von Integralen haben wir mit Hilfe der Flächenfunktion F bei positiven Integranden f die Formel gefunden

$$\int_a^x f(t)\,dt = F(x) - F(a)$$

Sie bleibt zum Glück auch hier richtig, wie die folgende Überlegung zeigt:

Betrachten wir die Integralfunktion $F\colon x \mapsto \int_a^x f(t)\,dt$; $D_F = D_f$. Sie ist jetzt für auch negative Integranden f definiert, wobei wir uns vorerst auf stetige Integranden beschränken. Allerdings ist F jetzt nicht mehr

die Flächenfunktion, sondern die »Flächenbilanzfunktion« der Funktion f. In Kap. 2.2 haben wir gesehen, daß die Ableitung der Integralfunktion F gleich der stetigen (und nur positiven) Integrandenfunktion f ist. Dieser wichtige und nützliche Satz gilt auch für beliebige stetige Integranden f.
Es gilt nämlich auch hier für positives h

$$m(h)h \leqq F(x+h) - F(x) \leqq M(h)h$$

(vgl. Bild 41,42) oder

$$m(h) \leqq \frac{F(x+h) - F(x)}{h} \leqq M(h).$$

Dabei ist m(h) das Infimum und M(h) das Supremum von f auf $[x; x+h]$.

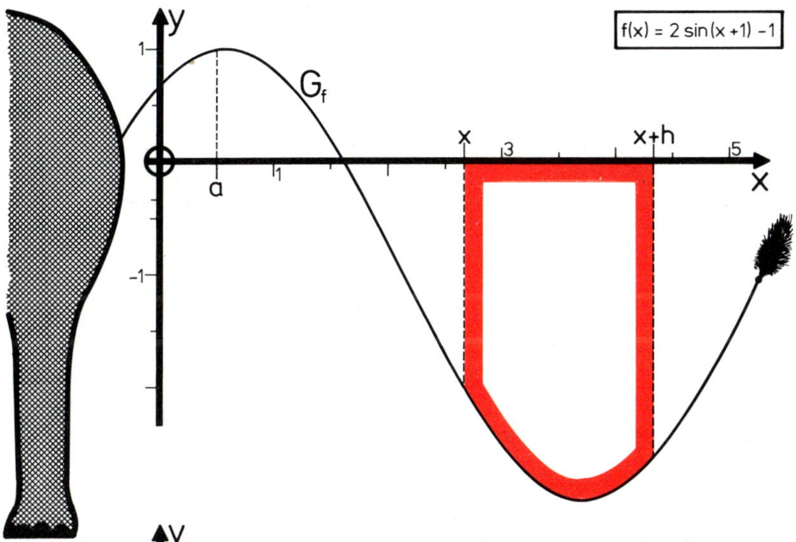

Bild 41

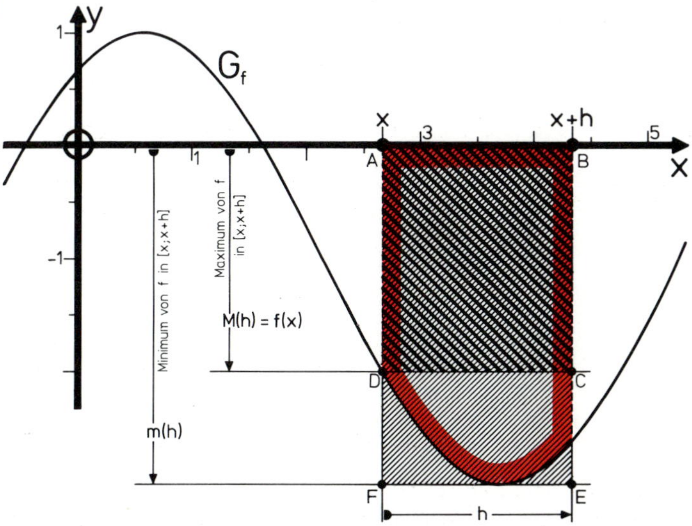

Bild 42

Genau wie in Kapitel 2.2 bleibt diese Überlegung auch für negatives h richtig.
Damit ist bei stetigen Integranden f

$$F'(x) = f(x).$$

Wegen der großen Bedeutung formuliert man diesen Sachverhalt als

Hauptsatz der Integral- und Differentialrechnung:

f sei auf dem Intervall I stetig und integrierbar. F sei die Integralfunktion $F\colon x \mapsto \int_k^x f(t)\,dt$ mit $k \in I$ und $D_F = I$.

Dann gilt:

$$F'(x) = \frac{d}{dx}\int_k^x f(t)\,dt = f(x); \qquad (x \in I)$$

In Worten:

Die Ableitung der Integralfunktion einer stetigen Integrandenfunktion ist der Integrand selbst.

Beispiele:

$$\frac{d}{dx}\int_a^x (3t^2 - 2t + 5)\,dt = 3x^2 - 2x + 5;$$

$$\frac{d}{dz}\int_a^z 2\sin(t-1)\,dt = 2\sin(z-1).$$

Aus dem Hauptsatz folgt wie in Kap. **2.2** die Formel, mit der wir – auch bei nicht überall positiven Integranden – unsere Integrale berechnen:

$$\int_a^b f(x)\,dx = F(b) - F(a).$$

Mit dieser Formel berechnen wir die Tagesmitteltemperatur des oben angenommenen Wintertages:

$$\overline{T} = \tfrac{1}{24}\int_0^{24} -\tfrac{1}{10}\,(t^2 - 20t + 30)\,dt =$$

$$= \tfrac{1}{24}\left[-\tfrac{1}{10}\left(\frac{t^3}{3} - 10t^2 + 30t\right)\right]_0^{24} = \tfrac{1}{24}\cdot 43{,}2 = 1{,}8$$

Bei der Angabe der Definitionsmenge von F haben wir nicht ausgeschlossen, daß die obere Grenze x links von der unteren Grenze a liegt. Wir müssen also noch erklären, was wir unter einem Integral verstehen, dessen obere Grenze kleiner ist als die untere.

Weil wir die Formel $\int_a^b f(x)\,dx = F(b) - F(a)$ auch in diesen Fällen benützen wollen, definieren wir:

$$\int_b^a f(x)\,dx = -\int_a^b f(x)\,dx;$$

in Worten:

Vertauscht man die Integrationsgrenzen, so ändert sich das Vorzeichen des Integrals.

Definition

Damit können wir jetzt endlich uneingeschränkt integrieren, ohne auf die Integrationsrichtung und das Vorzeichen des Integranden achten zu müssen.

Allerdings liefert das Integral nicht mehr die Fläche zwischen Kurve und x-Achse, sondern die Flächenbilanz. Wollen wir wirklich die Gesamtfläche zwischen dem Graphen und der x-Achse haben, so müssen wir mit Absolutbeträgen dafür sorgen, daß der Integrand positiv wird (innere Betragsstriche) und die Integrationsrichtung von links nach rechts verläuft (äußere Betragsstriche), also

$$A = \left| \int_a^b |f(x)|\,dx \right|$$

Diese Formel ist halb so schlimm wie sie aussieht.

Man bestimmt zunächst die Nullstellen des Integranden im Integrationsbereich und integriert von Nullstelle zu Nullstelle. Die Summe der Beträge dieser »Teilintegrale« ergibt die gesuchte Fläche A.

Als Beispiel für eine solche Flächenberechnung betrachten wir die Funktion

$$f\colon\ x \mapsto -\tfrac{1}{81}(x+3)^2(x-3)(x-6); \qquad D_f = \mathbb{R} \qquad \text{(Bild 43)}$$

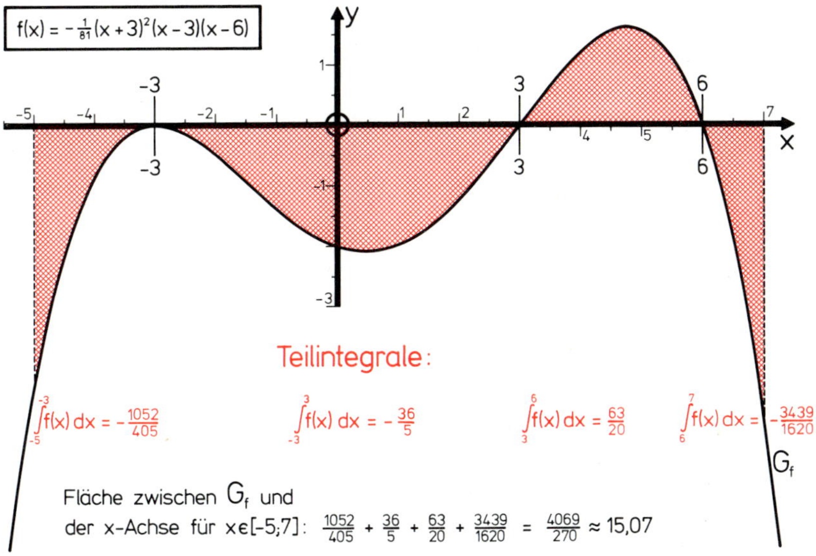

Bild 43

Wir berechnen die Fläche zwischen G_f und der x-Achse von -5 bis 7. Weil wir von -5 bis 7, also von links nach rechts integrieren, sind die äußeren Betragsstriche überflüssig. Die Nullstellen von f sind -3, $+3$ und $+6$.

Wir zerlegen also das Integral in die Teilintegrale $\int_{-5}^{-3} f(x)dx$, $\int_{-3}^{+3} f(x)dx$, $\int_{+3}^{+6} f(x)dx$ und $\int_{+6}^{+7} f(x)dx$. Damit wir eine Stammfunktion finden, multiplizieren wir aus und erhalten:

$$f(x) = -\tfrac{1}{81}(x^4 - 3x^3 - 27x^2 + 27x + 162)$$

Eine Stammfunktion ist z. B.:

$$F\colon x \mapsto -\tfrac{1}{81}(\tfrac{1}{5}x^5 - \tfrac{3}{4}x^4 - 9x^3 + \tfrac{27}{2}x^2 + 162x); \qquad D_F = \mathbb{R}.$$

Für die Teilintegrale ergibt sich:

$$\int_{-5}^{-3} f(x)dx = -\tfrac{1052}{405}; \quad \int_{-3}^{+3} f(x)dx = -\tfrac{36}{5}; \quad \int_{+3}^{+6} f(x)dx = +\tfrac{63}{20};$$

$$\int_{+6}^{+7} f(x)dx = -\tfrac{3439}{1620};$$

Die Gesamtfläche ist demnach

$$+\tfrac{1052}{405} + \tfrac{36}{5} + \tfrac{63}{20} + \tfrac{3439}{1620} = \tfrac{4069}{270}\ (\approx 15{,}07).$$

3.3 Die Integralfunktion und Stammfunktion

Der Hauptsatz der Integral- und Differentialrechnung sagt uns, daß die Ableitung einer Integralfunktion F wieder genau den Integranden f liefert (wenn er stetig ist). Deshalb sagt man auch: Die Differentiation ist die Umkehrung der Integration. Wir merken uns:

> Jede Integralfunktion über einem Intervall ist eine Stammfunktion des (stetigen) Integranden über diesem Intervall.

Zum Integranden $f\colon x \mapsto -x^2 + 4x - 3$; $D_f = \mathbb{R}$ ist

$$F\colon x \mapsto \int_{1,5}^{x} (-t^2 + 4t - 3)dt; \qquad D_F = \mathbb{R}$$

eine Stammfunktion. Wählen wir als untere Grenze 2 statt 1,5, so erhalten wir eine neue Stammfunktion

$$G\colon x \mapsto \int_{2}^{x} (-t^2 + 4t - 3)dt; \qquad D_G = \mathbb{R}.$$

Die Variation der unteren Grenze a liefert also eine Schar von Stammfunktionen

$$F_a\colon x \mapsto \int_{a}^{x} f(t)dt; \qquad D_{F_a} = \mathbb{R}.$$

Ihre Graphen lassen sich durch eine Verschiebung in y-Richtung zur Deckung bringen (Bild 44). Haben wir damit **alle** Stammfunktionen?

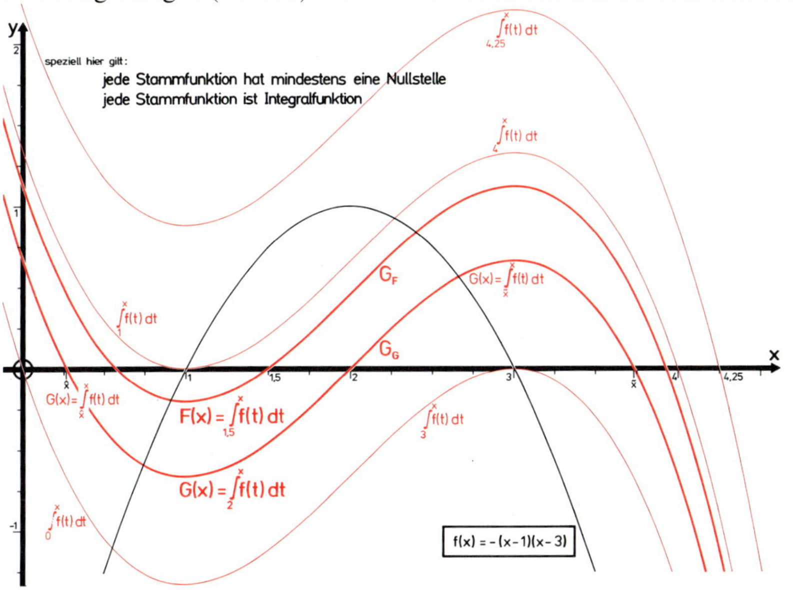

Bild 44

Wir überlegen zunächst, daß jede Integralfunktion F_a mindestens eine Nullstelle hat. Es ist nämlich $F_a(a) = \int_a^a f(t)\,dt = 0$. Andererseits gibt es Funktionen ohne Nullstellen, die aber trotzdem Stammfunktionen sind. So ist zum Beispiel H: $x \mapsto x^2 - 4x + 5$; $D_H = \mathbb{R}$ eine Funktion ohne Nullstelle, gleichzeitig aber Stammfunktion von h: $2x - 4$; $D_h = \mathbb{R}$. Die Schar der Integralfunktionen H_a: $x \mapsto \int_a^x (2t - 4)\,dt$; $D_{H_a} = \mathbb{R}$; $a \in \mathbb{R}$ enthält also sicher nicht die Funktion H und damit sicher nicht alle Stammfunktionen von h. Es gilt also nur:

> Die Menge der Integralfunktionen über einem Intervall ist eine Teilmenge der Stammfunktionen über diesem Intervall. (Bild 44a, 44b).

Bild 44a

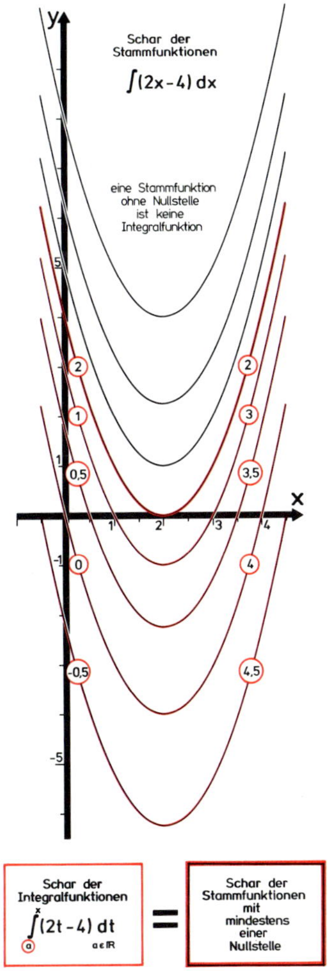

Ist jedoch die Wertemenge **einer** Stammfunktion **ganz** $\mathbb{R}$, so ist **jede** Stammfunktion auch eine Integralfunktion. Weil sich zwei Stammfunktionen nur durch einen konstanten Summanden unterscheiden, hat jede Stammfunktion $\mathbb{R}$ als Wertemenge. Jede Stammfunktion muß dann mindestens eine Nullstelle haben. Verwendet man diese als untere Grenze, so ist die zugehörige Integralfunktion gerade die Stammfunktion mit dieser Nullstelle. Dabei überlegen wir uns:
Die Differenz zweier Stammfunktionen ist eine Konstante, das heißt $F - G = C$. Für jedes x gilt insbesondere $F(x) - G(x) = C$. Stimmen nun an irgendeiner Stelle x_0 die Werte $F(x_0)$ und $G(x_0)$ überein, so ist $C = 0$ und damit $F = G$. Das ist allerdings nur richtig, wenn die Definitionsmenge zusammenhängt.

Bild 44b

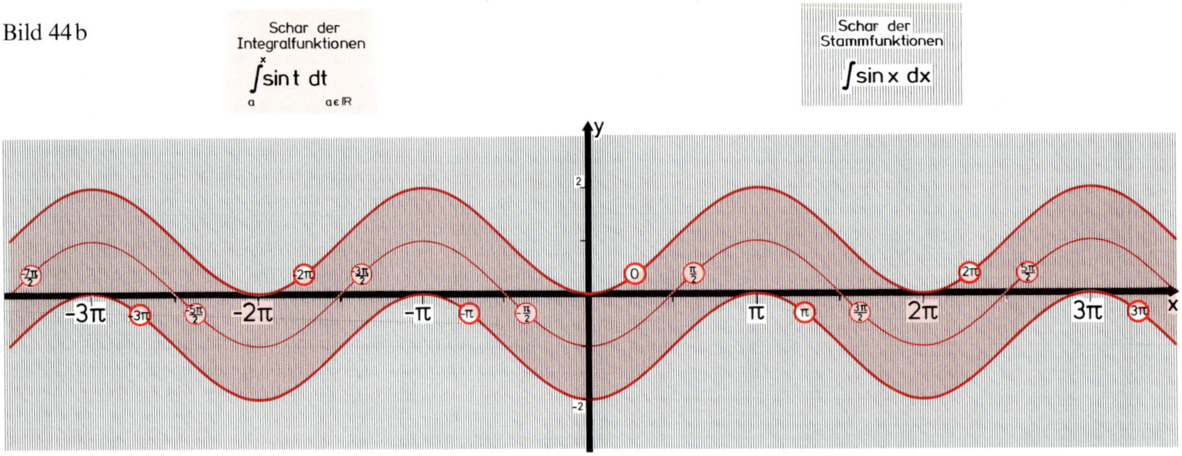

Ein Beispiel dafür, daß die Menge der Integralfunktionen mit der Menge der Stammfunktionen übereinstimmt, liefert uns die Funktion f: $x \mapsto x^2$; $D_f = \mathbb{R}$.

Die Menge der Stammfunktionen $\int x^2\,dx = \frac{1}{3}x^3 + C$ ist hier gleich der Menge der Integralfunktionen

$\{F_a\colon x \mapsto \int_a^x t^2\,dt;\ D_{F_a} = \mathbb{R} \mid a \in \mathbb{R}\}$. Für F_a gilt $F_a(x) = \frac{1}{3}x^3 - \frac{1}{3}a^3$.

Zu jedem C gibt es ein a so, daß $C = -\frac{1}{3}a^3$ ist. Damit ist jede Stammfunktion zugleich Integralfunktion.

Wir könnten jetzt langsam das Gefühl haben, daß das Integrieren genauso leicht sei, wie das Differenzieren. Leider ist es meistens sehr schwierig und manchmal sogar unmöglich, einen Funktionsterm für die gesuchte Stammfunktion zu finden. In einem solchen Fall können wir sie aber trotzdem diskutieren. Das braucht uns nicht zu wundern, gewinnen wir doch die interessantesten Informationen über eine Stammfunktion aus ihrer 1. und 2. Ableitung. Die 1. beziehungsweise 2. Ableitung einer Stammfunktion ist aber die Integrandenfunktion bzw. deren Ableitung.

Bild 45

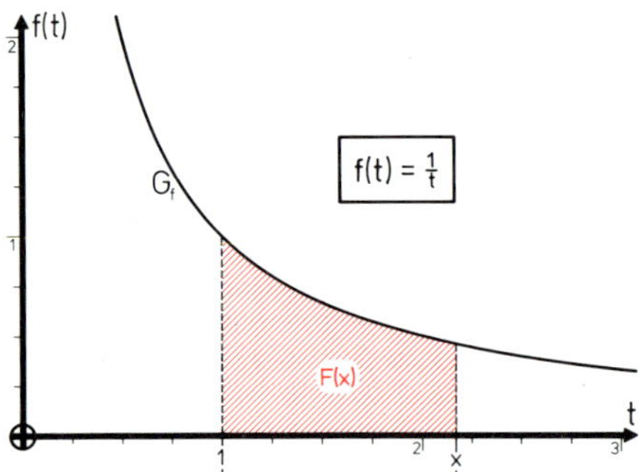

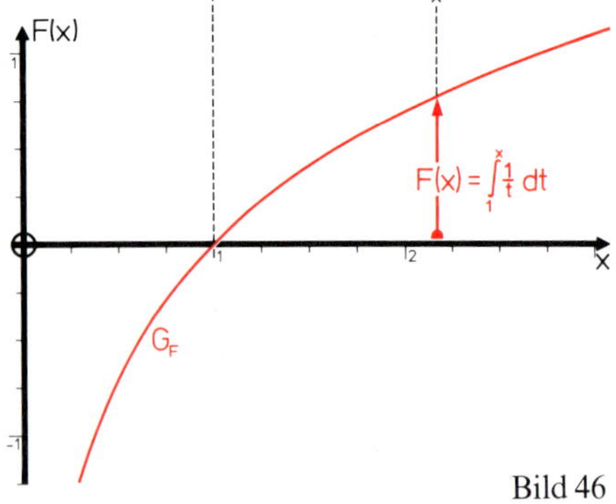

Bild 46

Suchen wir zum Beispiel die Stammfunktion zu f: $x \mapsto \frac{1}{x}$; $D_f = \mathbb{R}^+$, die bei 1 eine Nullstelle hat, so finden wir zwar keinen Term, können aber die Integralfunktion angeben, nämlich F: $x \mapsto \int_1^x \frac{1}{t}\,dt$; $D_F = \mathbb{R}^+$.

Diese Integralfunktion F wollen wir ein bißchen näher untersuchen: F hat sicher eine Nullstelle bei 1.

Weil $F' = f > 0$ ist, steigt F echt monoton, deshalb ist 1 die einzige Nullstelle (Bild 45).

G_F hat keine waagrechten Tangenten und deshalb auch keine Extrempunkte, weil f keine Nullstelle hat.

Die 2. Ableitung von F, also f', heißt $x \mapsto -\frac{1}{x^2}$; sie ist überall negativ.

G_F ist also rechts gekrümmt und hat keine Flach- und Wendepunkte. Bild 46 gibt eine Vorstellung von G_F. Einzelne Funktionswerte (außer F(1)) müßten wir allerdings mühselig nach der Streifenmethode berechnen.

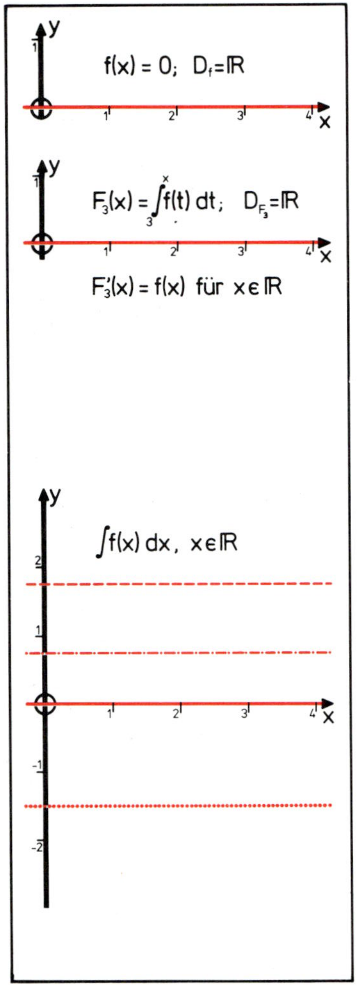

Bild 47

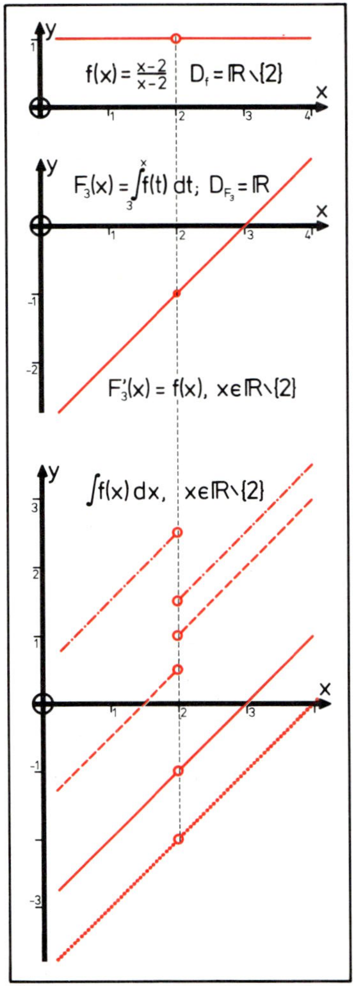

Bild 48

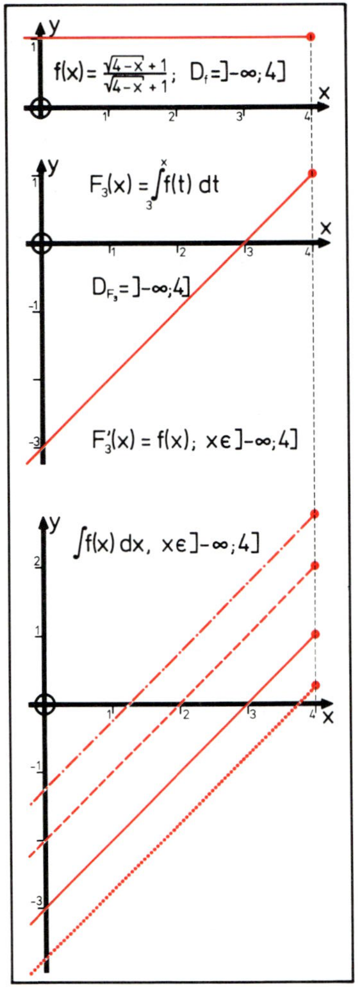

Bild 49

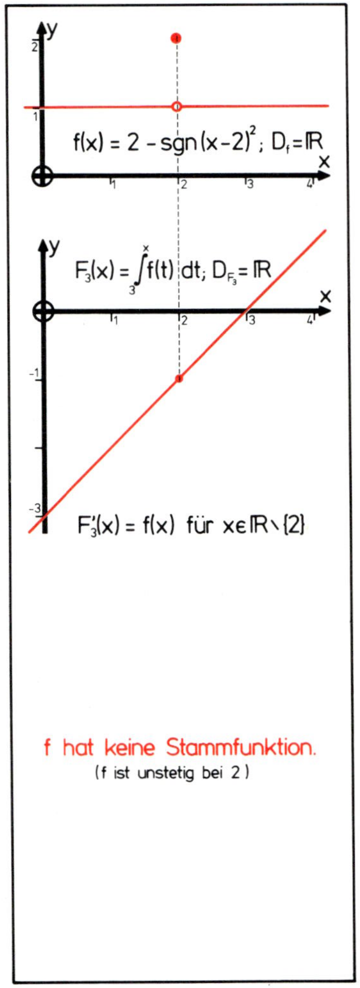

Bild 50

Bemerkung: Ist die Definitionsmenge kein Intervall, dann ist der Zusammenhang zwischen Stammfunktionen und Integralfunktionen nicht so einfach. Die Bilder 47 bis 58 zeigen uns, was alles passieren kann.

Beachte dabei: **1.** Das Fehlen einzelner Funktionswerte stört beim bestimmten Integral nicht.
2. F' und f sind nur gleich, wenn sie auch gleiche Definitionsmengen haben.

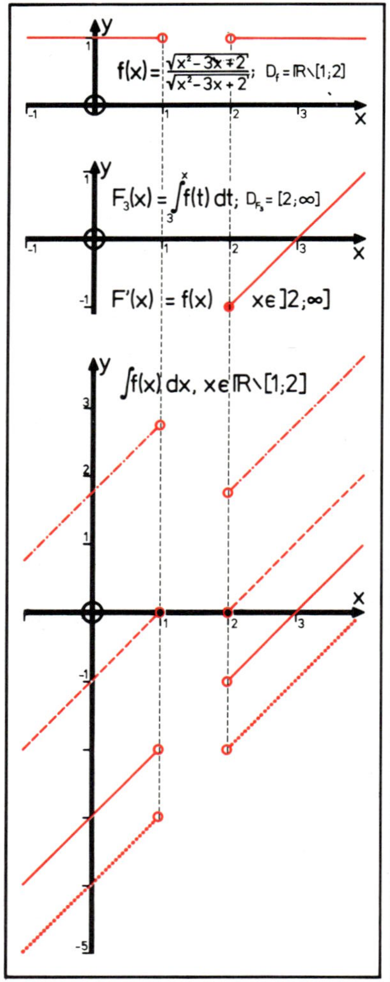

Bild 51

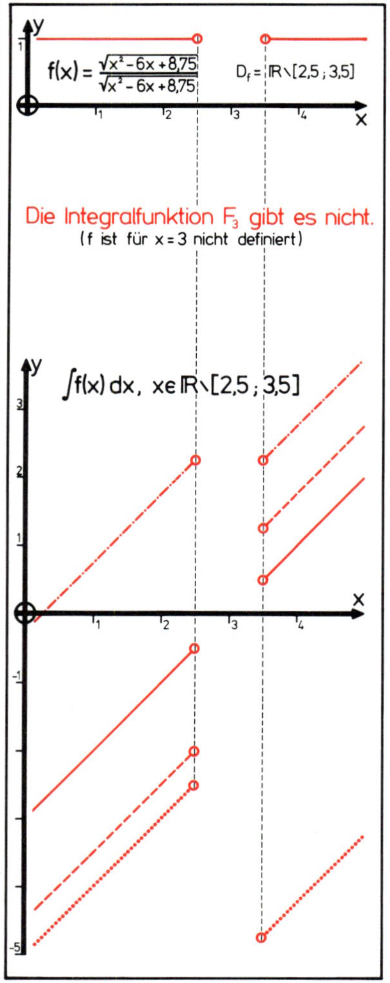

Bild 52

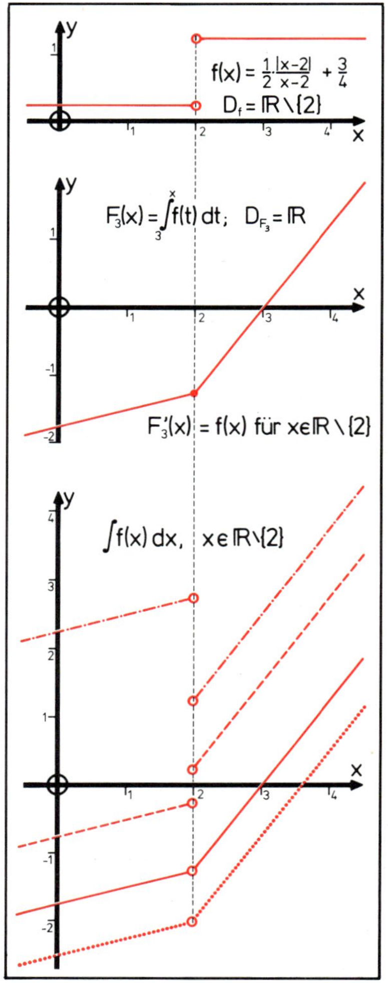

Bild 53

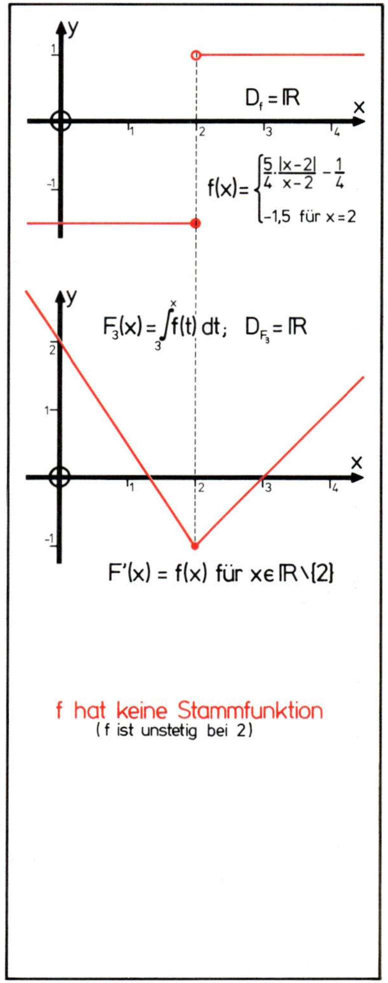

Bild 54

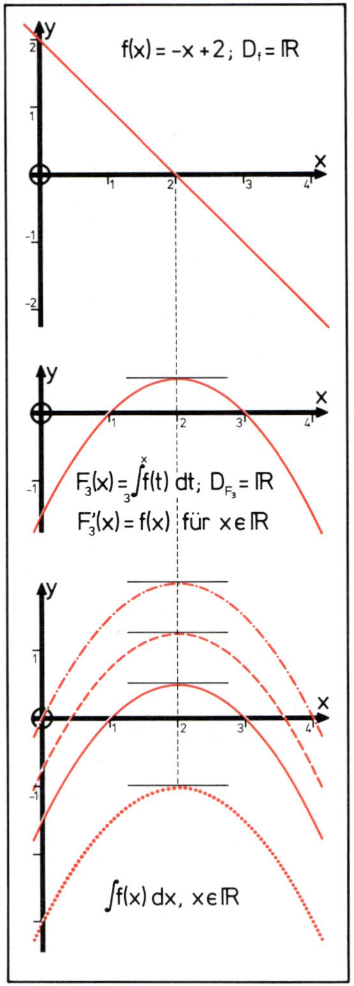

Bild 55

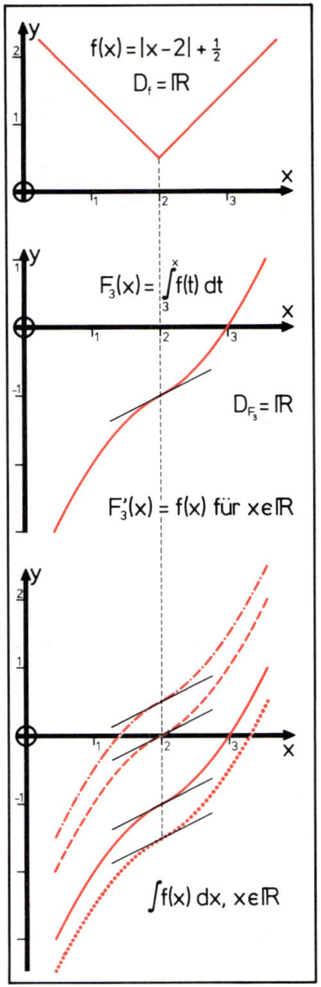

Bild 56

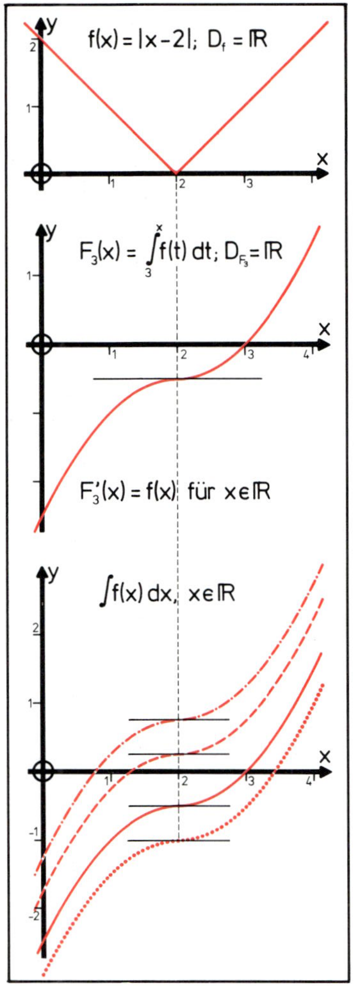

Bild 57

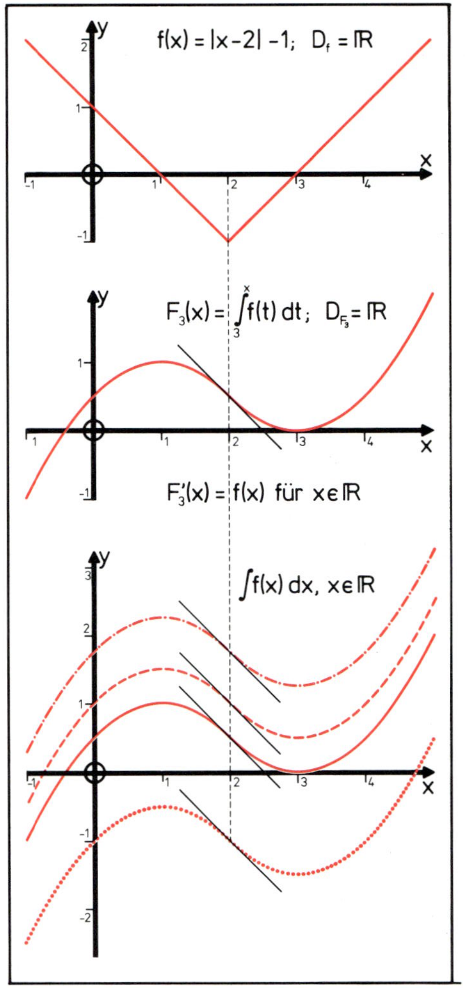

Bild 58

3.4 Eigenschaften des bestimmten Integrals

Drei häufig gebrauchte Formeln sollen uns das Arbeiten mit Integralen noch etwas erleichtern.
Wir beweisen sie hier nur für stetige Integranden, weil wir beim Beweis den Hauptsatz verwenden, der nur für stetige Integranden gilt. Die abgeleiteten Formeln gelten aber für beliebige Integranden.

a) Faktorformel

Für eine über dem Intervall $[a; b]$ integrierbare Funktion f und eine Konstante k gilt:

$$\int_a^b k \cdot f(x)\,dx = k \cdot \int_a^b f(x)\,dx$$

Man kann also konstante Faktoren vors Integral holen oder ins Integral ziehen.
Zum Beweis rechnen wir jede Seite einzeln aus und beachten, daß mit $F' = f$ auch $(kF)' = kF' = kf$ gilt.
Wir formen die rechte Seite um:

$$k \cdot \int_a^b f(x)\,dx = k\big(F(b) - F(a)\big).$$

Die linke Seite ergibt:

$$\int_a^b k \cdot f(x)\,dx = kF(b) - kF(a) = k\big(F(b) - F(a)\big).$$

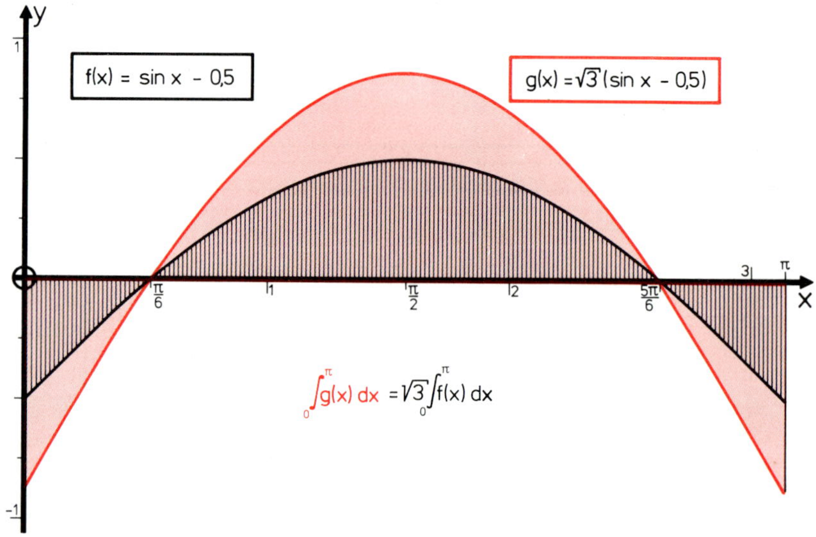

Bild 59

Ein Beispiel für die Faktorformel ist etwa

$$\int_0^\pi \sqrt{3}\cdot(\sin x - \tfrac{1}{2})\,dx = \sqrt{3}\int_0^\pi(\sin x - \tfrac{1}{2})\,dx = \sqrt{3}\,[-\cos x - \tfrac{1}{2}x]_0^\pi =$$

$$= \sqrt{3}\left(1 - \frac{\pi}{2} - 1\right) = -\frac{\pi}{2}\sqrt{3}. \qquad \text{(Bild 59)}$$

b) Summenformel

Für zwei über dem Intervall $[a; b]$ integrierbare Funktionen f und g gilt:

$$\int_a^b (f(x) + g(x))\,dx = \int_a^b f(x)\,dx + \int_a^b g(x)\,dx$$

Das heißt: das Integral über eine Summe von Funktionen ist gleich der Summe der Integrale.
Wieder betrachten wir zum Beweis die beiden Seiten einzeln: Mit $F' = f$ und $G' = g$ gilt auch $(F + G)' = f + g$ und damit für die linke Seite

$$\int_a^b (f(x) + g(x))\,dx = (F + G)(b) - (F + G)(a) =$$

$$= F(b) + G(b) - F(a) - G(a) = F(b) - F(a) + G(b) - G(a).$$

Das ist aber wegen

$$\int_a^b f(x)\,dx = F(b) - F(a) \quad \text{und} \quad \int_a^b g(x)\,dx = G(b) - G(a)$$

gerade die rechte Seite.
Selbstverständlich gilt dann auch

$$\int_a^b (f(x) - g(x))\,dx = \int_a^b f(x)\,dx - \int_a^b g(x)\,dx$$

Wir können nämlich wegen der Faktorformel den Faktor -1 vor das Integralzeichen setzen.

c) Additivität des Integrals

Für eine über dem Intervall $[a; c]$ integrierbare Funktion f und ein beliebiges $b \in [a; c]$ gilt:

$$\int_a^b f(x)\,dx + \int_b^c f(x)\,dx = \int_a^c f(x)\,dx \qquad \text{(Bild 60)}$$

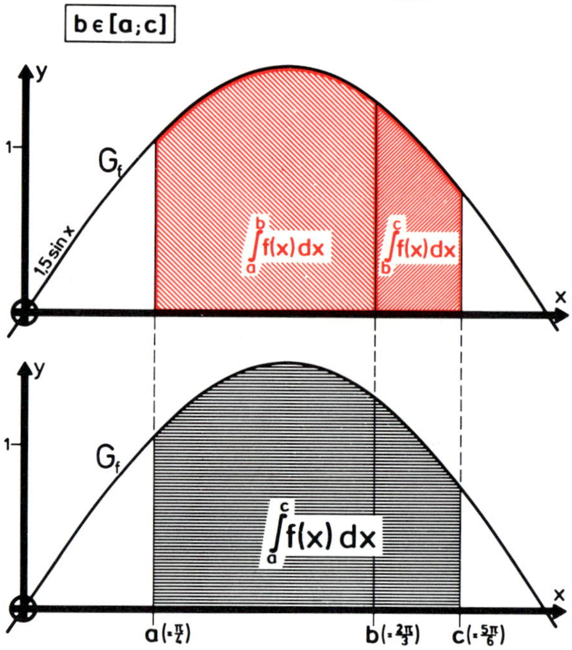

Bild 60

Die Begründung ist einfach:

$$\int_a^b f(x)\,dx + \int_b^c f(x)\,dx = F(b) - F(a) + F(c) - F(b) = F(c) - F(a)$$

$$F(c) - F(a) = \int_a^b f(x)\,dx$$

Da wir nicht verwendet haben, daß b **zwischen** a und c liegt, gilt diese Beziehung allgemein, solange nur f in allen vorkommenden Intervallen integrierbar ist.
Wenden wir zum Schluß die Summenregel zur Berechnung der Flächen **zwischen** zwei **Graphen** an, hier zum Beispiel zwischen den Graphen der um 2 nach oben verschobenen Sinus- und Kosinusfunktion. Sie bilden miteinander lauter kongruente »wurstförmige« Flächenstücke. Eines davon berechnen wir (Bild 61).

$$f\colon x \mapsto 2 + \sin x; \quad g\colon x \mapsto 2 + \cos x; \quad D_f = D_g = \mathbb{R}$$

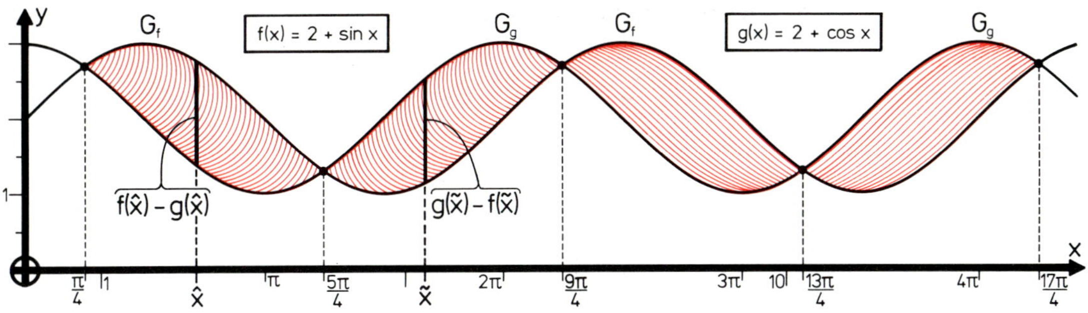

Bild 61

Zur Bestimmung der Schnittpunkte der Graphen lösen wir die Gleichung

$$2 + \sin x = 2 + \cos x\,;$$

$$\sin x = \cos x \,|\, : \cos x$$ $\neq 0$, die Nullstellen des Kosinus sind sicher keine Lösungen der Gleichung

$$\tan x = 1\,;$$

$$x \in \left\{\frac{\pi}{4} + k\pi \,|\, k \in \mathbb{Z}\right\}.$$

Von den möglichen Flächen wählen wir zur Berechnung diejenige, die zwischen den Schnittpunkten bei $\frac{\pi}{4}$ und $\frac{5\pi}{4}$ liegt (Bild 62).

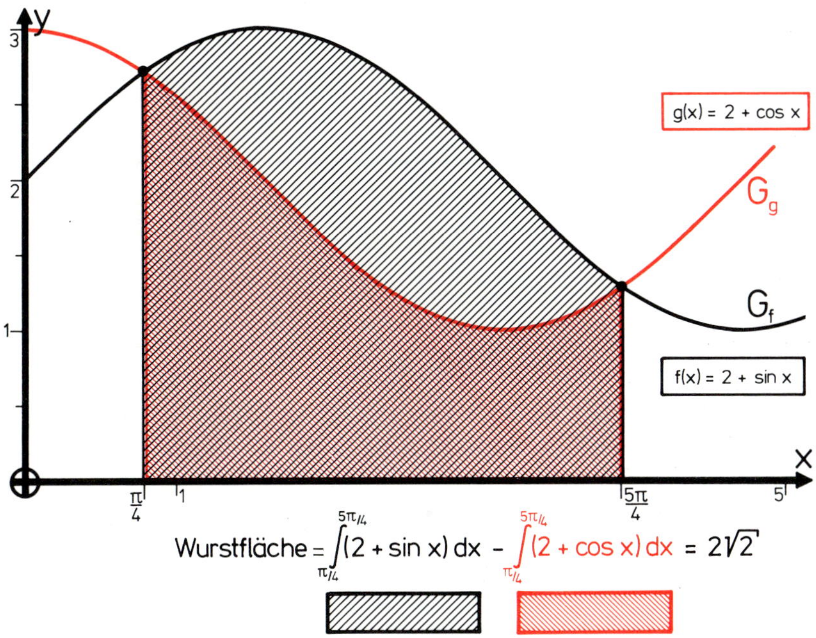

Bild 62

Sie ergibt sich zu

$$\int_{\frac{\pi}{4}}^{\frac{5\pi}{4}} (2+\sin x)\,dx - \int_{\frac{\pi}{4}}^{\frac{5\pi}{4}} (2+\cos x)\,dx = \int_{\frac{\pi}{4}}^{\frac{5\pi}{4}} (2+\sin x-(2+\cos x))\,dx =$$

$$= \int_{\frac{\pi}{4}}^{\frac{5\pi}{4}} (\sin x-\cos x)\,dx = \Big[-\cos x - \sin x\Big]_{\frac{\pi}{4}}^{\frac{5\pi}{4}} =$$

$$= \frac{\sqrt{2}}{2} + \frac{\sqrt{2}}{2} + \frac{\sqrt{2}}{2} + \frac{\sqrt{2}}{2} = 2\sqrt{2}\,.$$

Scheinbar wird die Aufgabe viel schwieriger, wenn wir die entsprechende Fläche berechnen, die von den Graphen der nicht verschobenen Sinus- und Kosinusfunktion eingegrenzt wird. Da sich der Flächeninhalt zwischen den beiden Graphen bei einer Verschiebung in y-Richtung nicht ändert, erwarten wir auch in diesem Fall den Wert $2\sqrt{2}$ (Bild 63).

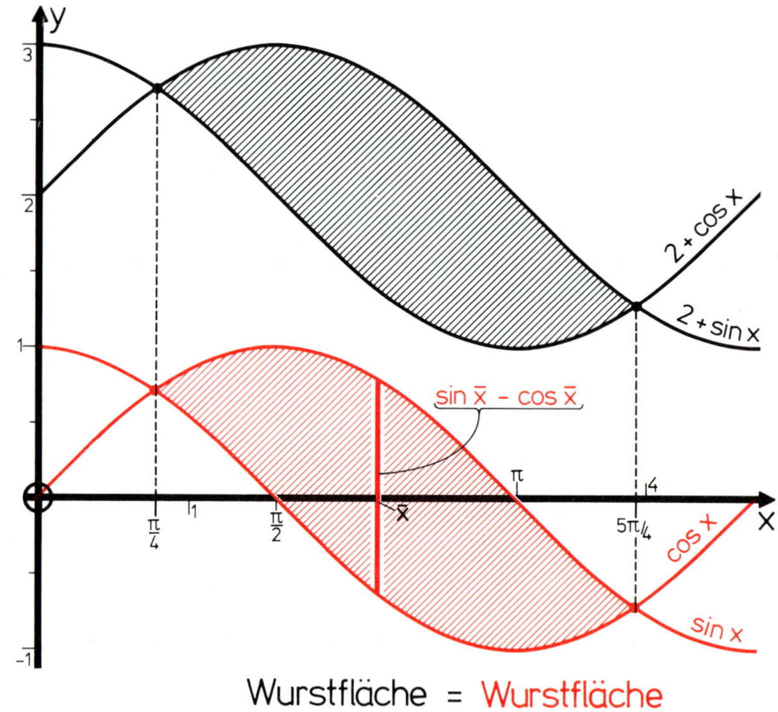

Bild 63

Die Verschiebung, die wir zunächst zur Berechnung der Fläche durchgeführt haben, ist garnicht notwendig, wie die folgende Überlegung zeigt:

$$\text{Fläche} = \int_a^b (f(x)+k)\,dx - \int_a^b (g(x)+k)\,dx =$$

$$= \int_a^b (f(x)+k-(g(x)+k))\,dx = \int_a^b (f(x)-g(x))\,dx\,.$$

Wir haben k so groß gewählt, daß beide Graphen über der x-Achse liegen. Weil aber k bei der Zusammenfassung der Integrale herausfällt, ergibt sich die gesuchte Fläche auch schon als Integral über die Differenz der beiden Funktionen f und g, wenn nur G_f im Intervall [a; b] über G_g liegt.
Wir geben ein Rezept zur Berechnung von Flächen zwischen Kurven:

- **Bilde die Differenzfunktion f − g.**
- **Bestimme die Nullstellen dieser Funktion (das heißt die Schnittstellen der beiden Graphen).**
- **Integriere die Differenzfunktion von einer Nullstelle bis zur nächsten.**
- **Der Betrag dieses Integrals ist der Inhalt der Fläche, die zwischen den beiden Kurven und den verwendeten Nullstellen liegt.**

Die Berechnung der Fläche zwischen zwei Kurven mit dem Integral über die Differenzfunktion läßt sich als das (zweidimensionale) Cavalierische Prinzip deuten:
»Wenn zwei Flächenstücke von einer Schar paralleler Geraden so geschnitten werden, daß jeweils gleich lange Sehnen entstehen, dann sind sie inhaltsgleich« (Bild 64).

Bild 64

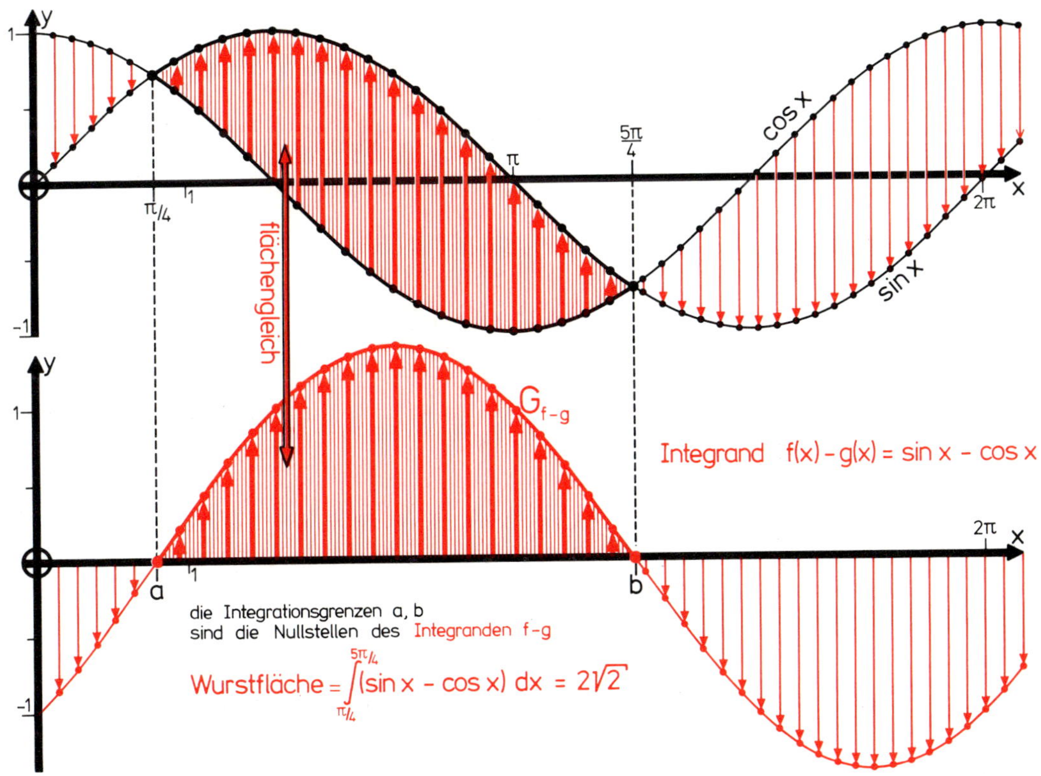

Aufgaben zu 3.1 und 3.2

3

1. Berechne die Integrale: $a(x) = 6 - \frac{1}{24}x^2$; $D_a = \mathbb{R}$

a) $\int_0^{12} a(x)\,dx$; **b)** $\int_{-12}^{12} a(x)\,dx$; **c)** $\int_0^{12\sqrt{3}} a(x)\,dx$

2. $b(x) = x^3 - 3x - 2$; $D_b = \mathbb{R}$

a) Skizziere den Graphen G_b

b) Berechne: $\int_0^1 b(x)\,dx$; $\int_{-1}^0 b(x)\,dx$; $\int_{-1}^1 b(x)\,dx$; $\int_1^{-1} b(x)\,dx$

3. $c(x) = -x^3 + 3x^2 - 2$; $D_c = \mathbb{R}$

a) Skizziere G_c.

b) Berechne: $\int_0^1 c(x)\,dx$; $\int_1^2 c(x)\,dx$; $\int_0^2 c(x)\,dx$; $\int_{1-\sqrt{3}}^{1+\sqrt{3}} c(x)\,dx$;

$\int_{-1979}^{1981} c(x)\,dx$;

4. $d(x) = x^4 - 6x^2 + 5$; $D_d = \mathbb{R}$

a) Skizziere G_d.

b) Berechne: $\int_0^1 d(x)\,dx$; $\int_0^2 d(x)\,dx$; $\int_{-2}^0 d(x)\,dx$; $\int_{-2}^2 d(x)\,dx$;

$\int_{-1}^1 d(x)\,dx$; $\int_{-\sqrt{5}}^{\sqrt{5}} d(x)\,dx$.

5. $a(x) = 6 - \frac{1}{24}x^2$, $D_a = \mathbb{R}$;

Berechne den Inhalt des Flächenstücks zwischen G_a und der x-Achse.

6. $d(x) = x^4 - 6x^2 + 5$, $D_d = \mathbb{R}$;

Berechne die Inhalte der Flächenstücke zwischen G_d und der x-Achse.

7. $f(x) = \frac{1}{16}x^3$, $D_f = \mathbb{R}$;

a) Zeichne G_f im Bereich $[-4; 4]$.

b) P sei derjenige Punkt von G_f im ersten Quadranten, der von den Koordinatenachsen denselben Abstand hat.

c) Berechne den Inhalt des Flächenstücks zwischen G_f, der x-Achse und der Ordinate von P.

• **d)** Berechne den Inhalt des Flächenstücks zwischen G_f, der y-Achse und dem Lot von P auf die y-Achse.

• **e)** Berechne den Inhalt des Segments zwischen G_f und der Ursprungsgerade durch P im ersten Quadranten.

• **f)** Berechne den Inhalt des Flächenstücks, das begrenzt ist von G_f, der x-Achse und der Tangente in P.

•• **g)** Berechne den Inhalt des Flächenstücks, das begrenzt ist von G_f und der Tangente in P.

8. Berechne:

a) $\int_0^1 \sin x\,dx$; **b)** $\int_0^{\pi/2} \sin x\,dx$; **c)** $\int_0^{\pi} \sin x\,dx$;

d) $\int_0^{3\pi/2} \sin x\,dx$; **e)** $\int_0^{2\pi} \sin x\,dx$; **f)** $\int_{-1981}^{1981} \sin x\,dx$;

9. Für welche a gilt:

a) $\int_0^a \sin x\,dx = 0$; **b)** $\int_0^a \cos x\,dx = 0$;

c) $\int_{-a}^a \sin x\,dx = 0$; **d)** $\int_{-a}^a \cos x\,dx = 0$;

•10. Für welche a gilt: **a)** $\int_0^a \cos x\,dx < 0$; **b)** $\int_{-\pi/2}^a \sin x\,dx < 0$;

•11. Beschreibe verschiedene Fälle, in denen $\int_a^b f(x)\,dx = 0$ gilt.

•12. Beschreibe verschiedene Fälle, in denen $\int_a^b f(x)\,dx < 0$ gilt.

13. $f(x) = x + 1$
Bestimme diejenige Stammfunktion F, für die gilt
a) $(0|0) \in G_F$ **b)** $(0|1) \in G_F$ **c)** $(1|0) \in G_F$

•14. $f(x) = \begin{cases} 1 - x & \text{für } x < 0 \\ x & \text{für } x \geqq 0 \end{cases}$

Berechne $\int_{-1}^{+1} f(x)\,dx$

15. Berechne

a) $\int_0^1 |x|\,dx$ **b)** $\int_{-1}^1 |x|\,dx$ **c)** $\int_1^1 |x|\,dx$

d) $\int_0^1 \operatorname{sgn} x\,dx$ **e)** $\int_{-1}^0 \operatorname{sgn} x\,dx$ **f)** $\int_{-1}^{-1} \operatorname{sgn} x\,dx$

•16. Für f gelte $\int_1^2 f(x)\,dx = \int_1^3 f(x)\,dx$.

Skizziere einen möglichen Graphen G_f.

•17. Was kann man über f sagen, wenn man weiß

a) $\int_0^1 f(x)\,dx > 0$ **b)** $\int_0^1 f(x)\,dx = 0$ **c)** $\int_0^1 f(x)\,dx < 0$

d) $\int_1^0 f(x)\,dx > 0$?

•18. $\int_a^b (f(x) - g(x))\,dx = 0$, aber $f(x) \neq g(x)$.

Wie ist das möglich? Gib ein Beispiel an!

●**19.** Untersuche, ob die Beziehung

$$\left(\int_0^1 f(x)\,dx\right)^2 = \int_0^1 (f(x))^2\,dx$$

richtig ist. Suche Beispiele, wo sie stimmt, und Beispiele, wo sie nicht stimmt.

3

Aufgaben zu 3.3

●**20.** Differenziere folgende Funktionen

a) $x \mapsto \int_a^x (t^2-1)\,dt$ **b)** $x \mapsto \int_x^a (t^2-1)\,dt$ **c)** $x \mapsto \int_a^{-x} (t^2-1)\,dt$

d) $x \mapsto \int_x^{-x} (t^2-1)\,dt$ **e)** $x \mapsto \int_a^{x^2} (t^2-1)\,dt$ **f)** $x \mapsto \int_a^x (t^2-x)\,dt$

●●**21.** $F_0\colon x \mapsto \int_0^x (1-t^2)\,dt;\ D_{F_0} = \mathbb{R}$

$F_a\colon x \mapsto \int_a^x (1-t^2)\,dt;\ D_{F_a} = \mathbb{R}$

Wie unterscheiden sich F_0 und F_a?
Für welche a gilt $F_0 = F_a$?

22. Skizziere einen möglichst einfachen Funktionsgraphen G_f mit folgenden Eigenschaften:

G_f ist punktsymmetrisch zu (0|0) und hat bei (2|0) einen Tiefpunkt.

● Skizziere in dasselbe Koordinatensystem (in einer anderen Farbe) den Graphen der Funktion

$F_0\colon x \mapsto \int_0^x f(t)\,dt$ und $F_1\colon x \mapsto \int_1^x f(t)\,dt$.

23. Bestimme k so, daß folgende Gleichungen richtig sind, und deute die Ergebnisse anhand von Skizzen:

a) $\int_0^k x\,dx = 1$ **b)** $\int_0^k (x^2+1)\,dx = \frac{4}{3}$ **c)** $\int_0^k \sin x\,dx = 1$

● **d)** $\int_k^{2k} (1-x)\,dx = 0$

24. Begründe, warum es kein $k \in \mathbb{R}^+$ gibt, das folgende Gleichung erfüllt

$$\int_0^k (x^2+1)\,dx = -1\,.$$

●**25.** Begründe, daß jede Integralfunktion $F\colon x \mapsto \int_a^x f(t)\,dt$ mindestens eine Nullstelle hat.
Unter welchen Bedingungen gibt es weitere Nullstellen?
Beschreibe grob mögliche Kurvenverläufe für G_f, bei denen F genau zwei, oder unendlich viele Nullstellen hat.

●26. Gegeben sind Funktionsterme f(x).

Bestimme $F_k(x) = \int_k^x f(t)\,dt$, die Schar der Integralfunktionen sowie F_c, die Schar der Stammfunktionen. Untersuche:
Für welche Zahlen c ist F_c zugleich auch eine Integralfunktion F_k?

a) $f(x) = 2$, **b)** $f(x) = 2x$, **c)** $f(x) = 2x + 2$,
d) $f(x) = -3x + 1$ **e)** $f(x) = 4x^3 - 4x$, **f)** $f(x) = 6x^3 + 12x$
g) $f(x) = \sin x$, ● ● **h)** $f(x) = x + \sin x$

3

Aufgaben zu 3.4

27. Bestimme die Fläche zwischen den Graphen der Funktionen
$f\colon x \mapsto x^2 - 4x + 1$;
$g\colon x \mapsto -x^2 + 6x - 7$; $D_f = D_g = \mathbb{R}$

28. $f\colon x \mapsto |2x + 2|$;
$g\colon x \mapsto -x + 2$; $D_f = D_g = \mathbb{R}$
Berechne die Fläche zwischen G_f und G_g, überprüfe elementargeometrisch das errechnete Ergebnis (Skizze!).

●●**29.** f sei eine Polynomfunktion vierten Grades.
Sie habe bei (0|0) einen Wendepunkt, die x-Achse sei dort Wendetangente. Außerdem liegen $A(-4|0)$ und $B(2|2)$ auf G_f.
a) Bestimme f(x).
b) Diskutiere f soweit, daß du G_f zeichnen kannst.
c) Berechne die Wendetangenten und zeichne sie ein.
d) Jede der beiden Wendetangenten schließt mit G_f ein Flächenstück ein. Berechne die beiden Inhalte.

●●**30.** $f(x) = x^m - 1$; $m \in \mathbb{N}$; $D_f = \mathbb{R}$
n sei die Normale im Punkt (1|0) auf G_f (das heißt, die Gerade, die dort auf der Tangente senkrecht steht).
In welchem Verhältnis teilt die x-Achse das Flächenstück (rechts von der y-Achse gelegen), das von der Normalen, der y-Achse und G_f begrenzt wird?

31. $f(x) = x + \sin x$, $D_f = [0; 2\pi]$
a) Zeichne G_f.
b) Berechne $\int_0^1 f(x)\,dx$; $\int_0^{\pi} f(x)\,dx$; $\int_{\pi/3}^{2\pi} f(x)\,dx$
c) Berechne den Inhalt des Flächenstücks zwischen G_f, der y-Achse und der Geraden $y = 2\pi$.
● **d)** In welchem Verhältnis teilt die waagrechte Tangente das Flächenstück von Aufgabe **c)**?
●● **e)** In welchem Verhältnis teilt die Ursprungstangente das Flächenstück von Aufgabe **c)**?

32. $f(x) = x^2, \; D_f = \mathbb{R}$

a) Berechne den Inhalt des Flächenstücks, das begrenzt wird von G_f, der x-Achse und der Ordinate von $P(2|4)$.

● **b)** Bestimme s so, daß die Gerade $x = s$ das Flächenstück von Aufgabe **a)** im Verhältnis 1 : 7 teilt. (Zwei Möglichkeiten!)

●● **c)** Welche Parallele zur x-Achse halbiert das Flächenstück von Aufgabe **a)**?

3

●●**33.** Gegeben sind die Funktionen

$p: x \mapsto -\frac{1}{2}(x-3)^2 + \frac{9}{2}; \; D_p = \mathbb{R}$

$g_a: x \mapsto ax, \; D_{g_a} = \mathbb{R}, \; a \in \mathbb{R}$

a) Berechne den Inhalt A der Fläche, die von der Parabel und der x-Achse eingeschlossen ist.

b) Beschreibe kurz in Worten die Kurvenschar g_a.

c) Berechne die Koordinaten der Punkte P und Q, in denen sich G_p und G_{g_a} schneiden.

d) Berechne den Inhalt A(a) der Fläche, die zwischen G_p und G_{g_a} liegt.

e) Für welchen Wert von a liegt zwischen G_p und G_{g_a} keine Fläche? Welche besondere Lage hat dann G_p zu G_{g_a}?

f) Eine Gerade durch den Ursprung geht durch den Scheitel der Parabel; diese Gerade zerlegt die Fläche A von **a)** in zwei Teilflächen. Berechne das Verhältnis: größere Teilfläche durch kleinere Teilfläche.

g) Für welchen Wert von a ist A(a) achtmal so groß wie die Fläche zwischen der Parabel und der x-Achse?

h) $\int_c^x p(t)\,dt = I_c(x)$; berechne die Integralfunktion I_c von p.

i) Für welche Werte von c ist I_c symmetrisch zum Koordinatensystem?

j) Für welche Werte von c geht I_c durch den Ursprung?

●**34.** $f(x) = \frac{1}{4}x^3 - 2x^2 + \frac{a}{4}x, \quad D_f = \mathbb{R}; \; a \in \mathbb{R}$

Bestimme a so, daß G_f die x-Achse als Tangente hat.
Diskutiere die so erhaltene Funktion f und skizziere G_f.
Berechne den Inhalt des Flächenstücks zwischen G_f und der der x-Achse.

●**35.** Der Querschnitt einer Regenrinne wird dargestellt durch den Teil der x-Achse zwischen -2 und $+2$ und den zur y-Achse symmetrischen Graphen einer Funktion vierten Grades, deren Graph die x-Achse in $+2$ berührt und bei $(0|-4)$ einen Tiefpunkt hat.
Wieviel Wasser kann die 4 m lange Rinne fassen, wenn der Maßstab $1 = 5$ cm bei der Darstellung gewählt wird?

$f(x) = -\frac{4}{81}x^4 + \frac{8}{27}x^3$

•**36.** Eine Polynomfunktion f vierten Grades habe folgende Eigenschaften: G_f hat bei $(0|0)$ einen Terrassenpunkt und bei 6 eine Nullstelle. Die Fläche zwischen G_f und der x-Achse hat den Inhalt 19,2. Bestimme f(x) und skizziere G_f.

•**37.** $f(x) = ax^4 + bx^3 + cx^2 + dx + e$; $D_f = \mathbb{R}$; $a, b, c, d, e \in \mathbb{R}$
Bestimme die Konstanten so, daß G_f bei $(0|0)$ eine Tangente mit der Steigung 8 hat, bei $(2|0)$ einen Wendepunkt und außerdem mit der x-Achse eine Fläche zwischen 0 und 2 vom Inhalt 1,6 einschließt.

38. a) Berechne $\int\limits_0^{2\pi} \sin x \, dx$

b) Bestimme die Fläche, die von dem Graphen der Sinusfunktion und der x-Achse zwischen 0 und 2π eingeschlossen wird.

c) Schreibe diese Fläche als Integral von 0 bis 2π.

39. Berechne die Fläche zwischen dem Graphen der Funktion $f: x \mapsto \cos x$; $D_f = \mathbb{R}$ und der x-Achse von 0 bis $\frac{\pi}{2}$

Berechne die Fläche zwischen den Graphen der Funktionen $f: x \mapsto \cos x$; $D_f = \mathbb{R} = D_g$ und $g: x \mapsto -1$ von 0 bis $\frac{\pi}{2}$ und von 0 bis $\frac{3\pi}{2}$.

Berechne die Fläche zwischen den Graphen der Funktionen $f: x \mapsto \cos x$; $D_f = D_g = \mathbb{R}$ und $g: x \mapsto 0$ zwischen 0 und $\frac{3\pi}{2}$.

Mache dir zuvor jeweils an einer Skizze klar, wie groß der berechnete Flächeninhalt werden muß.
Wieso muß man bei der dritten Berechnung das Integral unterteilen, bei den anderen beiden Berechnungen aber nicht?

•**40.** Durch $f_t(x) = \frac{1}{4}x^4 - t^2x^2$; $t \in \mathbb{R}_0^+$; $D_{f_t} = \mathbb{R}$ ist eine Funktionenschar gegeben.

a) Skizziere G_{f_t} für $t = 0$, $t = 1$ und $t = \frac{1}{2}$.

b) Berechne die Kurve G_T, auf der die Tiefpunkte der Kurvenschar G_{f_t} liegen.

c) Berechne den Inhalt des Flächenstücks zwischen der Verbindungsstrecke der beiden Tiefpunkte von G_{f_t} und der Kurve G_T.

d) In welchem Verhältnis teilt G_{f_t} die in **c)** berechnete Fläche?

41. Berechne k aus $\int\limits_0^k (2x^2 - x)\,dx = \int\limits_1^k (2x^2 - 1)\,dx$.

•**42.** Diskutiere die Funktion $f: x \mapsto \frac{1}{12}x^3 - x^2 + 3x$; $D_f = \mathbb{R}$ (Skizze!) und berechne den Inhalt der Fläche zwischen dem Graphen G_f und der x-Achse.

43. Diskutiere die Funktion $f: x \mapsto \frac{1}{10}x^3 - \frac{3}{10}x^2 + \frac{7}{5}x$; $D_f = \mathbb{R}$ (Skizze!) und berechne den Inhalt der Fläche zwischen G_f, der Wendetangente von G_f und der x-Achse.

3

44. Welche Flächenstücke schließt der Graph G_f der Funktion f mit $f(x) = (x^2 - 1)(x^2 - 4)$ und $D_f = \mathbb{R}$ mit der x-Achse ein? Berechne die Inhalte.

•45. $f\colon x \mapsto x^4 - 2x^3$;
$g\colon x \mapsto 2 - x$; $D_f = D_g = \mathbb{R}$
Welche Fläche liegt zwischen G_f und G_g?

•46. $f(x) = x^3 + ax^2 + ax + 4$; $D_f = \mathbb{R}$; $a \in \mathbb{R}$

Bestimme a so, daß bei 1 ein Extremum liegt.
Diskutiere die so erhaltene Funktion f und skizziere G_f.
Die Tangenten in den Extrempunkten begrenzen mit G_f jeweils eine Fläche. Zeige, daß diese Flächen gleichen Inhalt haben
a) durch Überlegung **b)** durch Rechnung.

•47. Berechne die parameterabhängigen Inhalte jener Flächenstücke, die von der x-Achse und den Schaubildern folgender Funktionen eingeschlossen sind:

a) $c_k(x) = \frac{1}{4} kx(x + k)$;

b) $d_a(x) = ax^2 + 2x$;

c) $e_t(x) = tx - \dfrac{1 + t^2}{24} x^2$;

d) $f_k(x) = (1 - 4k)x - k^2x^2$;

e) $g_k(x) = \frac{1}{2} x^3 - kx^2 + \frac{1}{2}(k^2 - 4)x\cdot$

f) $h_a(x) = \frac{1}{12} x(x - a)^2$;

g) $i_a(x) = \dfrac{2}{3a^2} x^3 - \dfrac{2}{a} x^2$;

•48. Die Schaubilder der folgenden Scharfunktionen schließen mit der x-Achse endliche Flächenstücke ein. Man bestimme den Parameter so, daß das Flächenstück A den vorgegebenen Flächeninhalt hat:

a) $c_k(x) = \frac{1}{4} kx(x + k)$, $A = 54$;

b) $d_a(x) = ax^2 + 2x$, $A = 12$;

c) $h_a(x) = \frac{1}{12} x(x - a)^2$, $A = \frac{1}{9}$;

d) $i_a(x) = \dfrac{2}{3a^2} x^3 - \dfrac{2}{a} x^2$, $A = 72$;

: **e)** $r_k(x) = \frac{1}{2} x^2 - 2kx + 4k^2 - 4k$, $A = \frac{16}{3}$;

f) $s_a(x) = 2x - \dfrac{a - 1}{a} x^2$, $A = \frac{16}{3}$;

g) $t_a(x) = \frac{1}{3} ax^3 - (a + 1)x$, $A = \frac{27}{8}$

49. Zeichne das Quadrat mit den Eckpunkten O(0|0), A(1|0), B(1|1) und C(0|1).
Bestimme aus der Parabelschar mit der Gleichung $y = x^2 + k$; $k \in \mathbb{R}$ diejenige Parabel, die die Fläche des Quadrats halbiert.

●50. $f_{a,b}(x) = ax^3 + bx$; $a, b \in \mathbb{R}$; $D_{f_{a,b}} = \mathbb{R}$
Bestimme a und b so, daß P(4|0) auf $G_{f_{a,b}}$ liegt und außerdem das im ersten Quadranten liegende Quadrat über [OP] durch $G_{f_{a,b}}$ halbiert wird.

●51. $f_a(x) = a - \frac{x^2}{a}$;
$g_a(x) = a^3 - ax^2$; $a > 1$; $D_{f_a} = D_{g_a} = \mathbb{R}$
Berechne a so, daß das von G_{f_a} und G_{g_a} oberhalb der x-Achse begrenzte Flächenstück möglichst groß wird.

●52. $f(x) = x - \frac{x^2}{6}$; $D_f = \mathbb{R}$
Suche aus der Menge der Stammfunktionen von f diejenige aus, deren Wendepunkt auf der x-Achse liegt.
Wie groß ist die Fläche zwischen dem Graphen dieser Stammfunktion und den beiden Koordinatenachsen, die im vierten Quadranten liegt?

53. Berechne diejenige Stammfunktion F von $f: x \mapsto 3x^2 - 6x$, die einen Tiefpunkt auf der x-Achse hat.

●54. Die Temperatur eines Tages verlaufe nach der Gleichung $y = 15 - \frac{1}{20}(x - 14)^2$. Dabei bedeute y die Temperatur in °C und x die Zeit in Stunden, gezählt von x = 0 bei 0 Uhr.
a) Berechne die mittlere Tagestemperatur.
b) Berechne die mittlere Temperatur zwischen 0 Uhr und 12 Uhr.
c) Berechne die mittlere Temperatur zwischen 12 Uhr und 24 Uhr.

●55. Ein Punkt bewegt sich auf der x-Achse mit der Geschwindigkeit $v = t^2 - 2t$. Zur Zeit t = 0 ist er bei x = 1.
a) Wo befindet er sich zu den Zeiten t = 1, t = 2, t = 10 und t = −1?
b) Welchen Weg legt er zwischen t = 0 und t = 2 zurück?

●56. Gegeben ist jeweils eine Funktionenschar. Bestimme den Parameter jener Scharfunktion, deren Schaubild mit der x-Achse das größte (kleinste) Flächenstück einschließt. Entscheide, ob ein Maximum oder ein Minimum vorliegt.

a) $e_t(x) = tx - \frac{1 + t^2}{24}x^2$;

b) $f_k(x) = (1 - 4k)x - k^2x^2$;

c) $r_k(x) = \frac{1}{2}x^2 - 2kx + 4k^2 - 4k$;

d) $s_a(x) = 2x - \frac{a-1}{a}x^2$;

3

e) $t_a(x) = \frac{1}{3}ax^3 - (a+1)x$;

f) $u_k(x) = \frac{1}{3}kx^3 - (k-1)x^2$;

g) $v_a(x) = \frac{1}{a}x^2 + x - \frac{4}{a}$;

h) $w_a(x) = \frac{1}{a}x^2 + a - 12$;

•57. $f_a(x) = \begin{cases} a - x^2 & \text{für } x \leqq 0 \\ x^3 + 1 & \text{für } x > 0 \end{cases}$

a) Bestimme a so, daß f_a bei 0 stetig ist.

b) Zeige: Die in **a)** bestimmte Funktion ist differenzierbar.

c) Bilde die erste Ableitung der in **a)** bestimmten Funktion.

d) Skizziere die Graphen der in **a)** bestimmten Funktion und ihrer Ableitung.

e) Berechne den Inhalt der Fläche, die von den Koordinatenachsen und G_{f_1} begrenzt ist.

•58. $f(x) = (3 - |x|)(x+1)$, $D_f = \mathbb{R}$

a) Zeichne G_f.

b) Untersuche f auf Stetigkeit bzw. Differenzierbarkeit.

c) Berechne die Inhalte der beiden Flächenstücke, die von G_f und der x-Achse begrenzt sind.

••59. $f(x) = |x-1|(|x-1|-1) + x - 5$, $D_f = \mathbb{R}$

a) Zeichne G_f.

b) Untersuche f auf Stetigkeit bzw. Differenzierbarkeit.

c) Zeichne in dasselbe Koordinatensystem $G_{f'}$.

d) Berechne den Inhalt des Flächenstücks zwischen G_f und der x-Achse.

••60. $f_a(x) = x(x-a)^2$; $g_a(x) = x(x^2 - a^2)$; $D_{f_a} = D_{g_a} = \mathbb{R}$, $a \in \mathbb{R}^+$

a) Bestimme die Fläche A(a), die von G_{f_a} und G_{g_a} begrenzt wird.

b) Bestimme m so, daß die Gerade $y = mx$ die Fläche A(a) halbiert.

•61. $f_a(x) = -\frac{4}{a^2}(8-a)(x^2 - ax)$; $D_{f_a} = \mathbb{R}$, $a \neq 0$;

a) Bestimme den Flächeninhalt A(a) der Fläche zwischen G_{f_a} und der x-Achse.

b) Für welche a ist der Inhalt der Fläche A(a) gleich 8?

c) Bestimme a so, daß A(a) möglichst groß wird. Gib den maximalen Flächeninhalt an.

$$F_4(x) = \int_4^x f_4(t)\,dt$$

d) Bestimme den Term $F_4(x)$ und alle Nullstellen von F_4.

e) Berechne die Hoch-, Tief- und Wendepunkte von G_{F_4}.

f) Skizziere G_{f_4} und G_{F_4} in ein und demselben Koordinatensystem.

•62. $g(x) = ax^2 + bx + c$, $D_g = \mathbb{R}$; $a, b, c \in \mathbb{R}$; $G(x) = \int\limits_0^x g(t)\,dt$

Der Graph der Integralfunktion G hat bei 1 eine waagrechte Tangente und bei 0,5 einen Wendepunkt, in dem die Tangente parallel ist zur Geraden $y = -\frac{1}{4}x + 4711$.
Ermittle die Funktionsterme von G und g.

3

••63. $e_k(x) = 2x - \dfrac{k-1}{k}x^2$ mit $k \neq 0$ und $k \neq 1$; $D_{e_k} = \mathbb{R}$

$E_k(x) = \int\limits_0^x e_k(t)\,dt$ ist eine Integralfunktion von e_k.

a) Ermittle ohne Integration die Abszissen der Extrema von E_k und deren Art.

b) Was bedeutet geometrisch $E_k(x_0) = 0$, wenn $x_0 \neq 0$ ist.

c) Berechne nun $E_k(x)$ mittels Integration. Zeichne den zu $k = 2$ gehörigen Graphen der Funktion E_2 für $-1 \leqq x \leqq 6$.

d) x_k ist die von Null verschiedene Nullstelle von e_k. Berechne $\lim\limits_{k \to \infty} E_k(x_k)$

•64. $f(x) = \frac{3}{8}x^3 - \frac{3}{2}x$; $D_f = \mathbb{R}$

Bestimme die Gleichung der Ursprungsgeraden, die G_f im Hochpunkt schneidet, und berechne den Inhalt der Fläche, die von G_f und der Geraden eingeschlossen ist.

•65. $f(x) = x^4 + 2x^3$; $D_f = \mathbb{R}$

Berechne den Inhalt des Flächenstücks, das zwischen G_f und der schrägen Wendetangente liegt. 1,6 F.E.

••66. $f(x) = 0{,}5x^2$; $g_a(x) = \dfrac{3}{2}x^2 - \dfrac{1}{a}x^3$; $D_f = D_{g_a} = \mathbb{R}$, $a \neq 0$

G_{g_a} und die x-Achse begrenzen im 1. Quadranten ein Flächenstück, das von G_f geteilt wird. Berechne den Quotienten der Inhalte der beiden Teilflächen.

•67. $f_a(x) = \dfrac{a-1}{3}x^3 - ax$; $D_{f_a} = \mathbb{R}$, $a \in \mathbb{R}$

Für welchen Wert $a > 1$ schließt das Schaubild G_{f_a} mit der x-Achse eine möglichst kleine Fläche im 4. Quadranten ein?

•68. $f_a(x) = \frac{1}{4}(ax - 5)^2$; $D_{f_a} = \mathbb{R}$, $a \in \mathbb{R}$

Jede Scharkurve schließt mit den Randgeraden des Streifens $0 \leqq x \leqq 5$ und der x-Achse eine Fläche ein. Bestimme a so, daß der Inhalt dieser Fläche am kleinsten ist (mit Nachweis des Minimums).

3

●**69.** $f_t(x) = -\frac{1}{9}(t-3)x^2 + t$; $D_{f_t} = \mathbb{R}$, $t \in \mathbb{R}$

Berechne den Inhalt der Fläche, die zwischen der x-Achse und G_{f_t} liegt. Für welchen Wert von t ist die Fläche am größten?

●**70.** $f(x) = \frac{1}{3}x^3 - 4x + a$; $D_f = \mathbb{R}$, $a \in \mathbb{R}$

Bestimme a so, daß G_f durch $(3|-\frac{7}{3})$ geht. Berechne für dieses a den Inhalt des Flächenstücks im 1. und 4. Quadranten, das die Gerade $g(x) = \frac{4}{3}x + \frac{2}{3}$ und G_f umschließen.

●**71.** $f_t(x) = \frac{1}{t^2}x^3 - tx$; $D_{f_t} = \mathbb{R}$, $t > 0$

Jede Kurve der Schar schließt mit der negativen x-Achse ein Flächenstück ein; berechne seinen Inhalt A(t) als Funktion von t. Für welchen Wert von t ergibt sich der Flächeninhalt $\frac{9}{4}$?

●**72.**

$$f_a(x) = \begin{cases} \frac{x}{a}(x-a), & x \geqq 0 \\ -\frac{x}{a}(x-a), & x < 0 \end{cases}; \quad a > 0$$

a) Das Schaubild G_{f_a} schließt mit seiner Tangente in $N_a(x_a|0)$ mit $x_a > 0$ ein endliches Flächenstück ein. Bestimme den Flächeninhalt A(a).

b) Bestimme zu jedem Schaubild G_{f_a} die Ursprungsgerade mit positiver Steigung, die mit G_{f_a} im 1. und 4. Quadranten ein Flächenstück einschließt, das den Inhalt A(a) von **a)** hat. Erkläre, warum sich für alle Schaubilder von f_a dieselbe Gerade ergibt.

●**73.** $f(x) = x^3 - 3x - 2$, $D_f = \mathbb{R}$

a) Bestimme Nullstellen, Extrempunkte und Wendepunkte von G_f. Zeichne G_f.

b) Berechne die Gleichungen von Tangente t und Normale n im Wendepunkt.

c) Berechne den Inhalt der beiden Flächenstücke, die von G_f und der Normale n begrenzt sind.

●● **d)** N sei der Schnittpunkt von G_f und der positiven x-Achse,
W ist der Wendepunkt von G_f,
S sei der Schnittpunkt von G_f und n.
Berechne den Inhalt des »Dreiecks«, das begrenzt ist von den Strecken [WN] und [WS] sowie vom Kurvenstück SN von G_f.

●●**74.** $f(x) = \frac{1}{9}x^4 - \frac{8}{9}x^3 + 2x^2$, $D_f = \mathbb{R}$

Berechne den Inhalt des Flächenstücks zwischen G_f und der waagrechten Wendetangente von G_f.

●**75.** $f(x) = \frac{1}{40}x^5 - \frac{1}{8}x^4$, $D_f = \mathbb{R}$

Berechne den Inhalt des Flächenstücks, das G_f und die x-Achse einschließen.

•**76.** $f(x) = -\frac{1}{16}x^6 + \frac{3}{8}x^4,\ D_f = \mathbb{R}$

a) Berechne den Inhalt des Flächenstücks zwischen G_f und der positiven x-Achse.

b) Berechne den Inhalt des Flächenstücks zwischen G_f und der geradlinigen Verbindung der beiden Hochpunkte.

77. f sei eine quadratische Polynomfunktion mit den Eigenschaften

a) $f(x) + f'(x) = x^2$

b) $\int_0^1 f(x)\,dx = \frac{4}{3}$

c) $\int_0^1 f(x)\,dx = -1$.

Bestimme jeweils f(x).

78. $f(x) = \frac{1}{8}x(x-6)^2 + 4;\ D_f = \mathbb{R}$.

a) Diskutiere die Funktion so weit, daß Du eine Skizze vom Graphen zeichnen kannst (Hochpunkt, Tiefpunkt, Wendepunkt).

b) Berechne die Wendetangente w und zeichne sie ein.

c) Berechne die Fläche, die von der Wendetangente w, dem Graphen G_f und der y-Achse eingeschlossen wird.

79. a) Zeichne den Graphen der Parabel mit der Gleichung $y = \frac{1}{4}x^2$.

b) Berechne den Term einer Polynomfunktion f dritten Grades, deren Graph G_f die Parabel im Scheitel berührt und bei $P(5 \mid y_0)$ einen Hochpunkt hat. Dabei soll P auf der Parabel liegen. Skizziere G_f.

c) Berechne die Fläche, die von G_f und der Parabel begrenzt wird.

d) Eine Parallele zur y-Achse soll so gezeichnet werden, daß das Flächenstück, das von ihr und von je einem Stück der Parabel bzw. von G_f begrenzt wird, den Inhalt $5\frac{5}{24}$ hat. Wie viele Lösungen gibt es?

80. $y = f_a(x) = -\frac{10}{a^3}x(x-2a);\ a \in \mathbb{R}\setminus\{0\}$ stellt eine Schar von Parabeln dar.

a) Skizziere die Parabeln für $a = 1$, $a = -1$ und $a = 2$.

b) Auf welcher Kurve liegen die Scheitel der Schar?

c) Berechne $\int_0^{2a} f_a(x)\,dx$ und deute das Ergebnis geometrisch.

3

4. Kapitel:

DIE EXPONENTIALFUNKTION

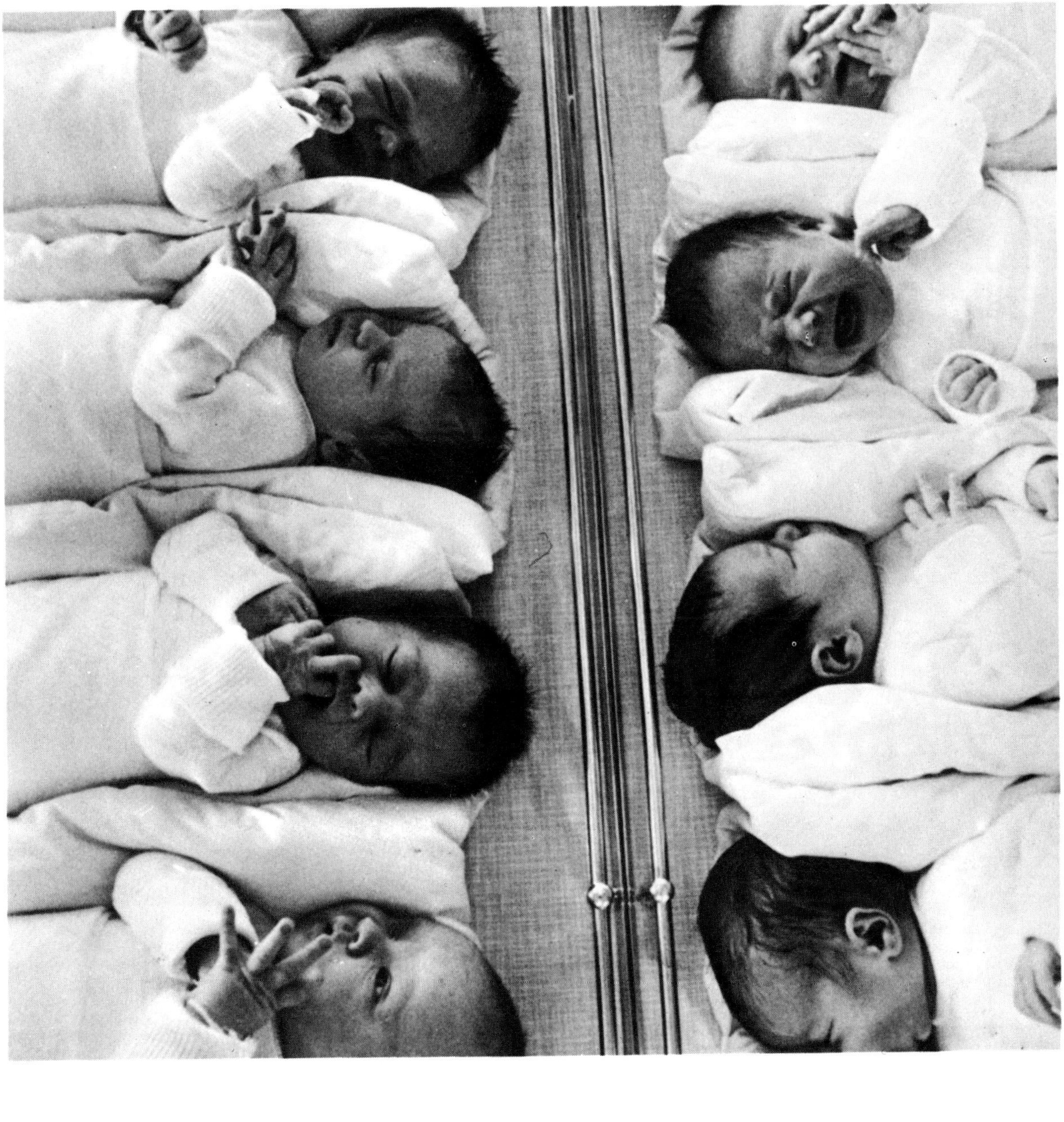

4.1 Wie vermehren sich die Deutschen?

Das statistische Jahrbuch für die Bundesrepublik Deutschland weist unter anderem die folgende Übersicht über die Entwicklung der Bevölkerung in dem Gebiet der Bundesrepublik aus:

Bevölkerungsentwicklung*)

Jahr	Bevölkerung		Jahr	Bevölkerung		Jahr	Bevölkerung		Jahr	Bevölkerung	
	1 000	je km²		1 000	je km²		1 000	je km²		1 000	je km²
1816	13720	55	1867	19950	80	1936	41781	168	1959	54876	221
1819	14150	57	1871	20410	82	1937	42118	169	1960	55433	223
1822	14580	59	1880	22820	92	1938	42576	171	1961	56175	226
1825	15130	61	1890	25433	102	1939	43008	173	1962	56837	229
1828	15270	61	1900	29838	120	1946	46190	186	1963	57389	231
1831	15860	64	1910	35590	143	1947	46992	189	1964	57971	233
1834	16170	65	1925	39017	157	1948	48251	194	1965	58619	236
1837	16570	67	1926	39351	158	1949	49198	198	1966	59148	238
1840	17010	68	1927	39592	159	1950	50173	201	1967	59286	238
1843	17440	70	1928	39861	160	1951	50528	203	1968	59500	239
1846	17780	72	1929	40107	161	1952	50859	205	1969	60067	242
1849	17970	72	1930	40334	162	1953	51350	207	1970	60651	244
1852	18230	73	1931	40527	163	1954	51880	209	1971	61302	247
1855	18230	73	1932	40737	164	1955	52382	211	1972	61672	249
1858	18600	75	1933	40956	165	1956	53008	213	1973	61976	249
1861	19050	77	1934	41168	166	1957	53656	216	1974	62054	250
1864	19600	79	1935	41457	167	1958	54292	218			

Bild 65 zeigt diese Bevölkerungsentwicklung im Zeitraum zwischen 1816 und 1974.

Bild 65

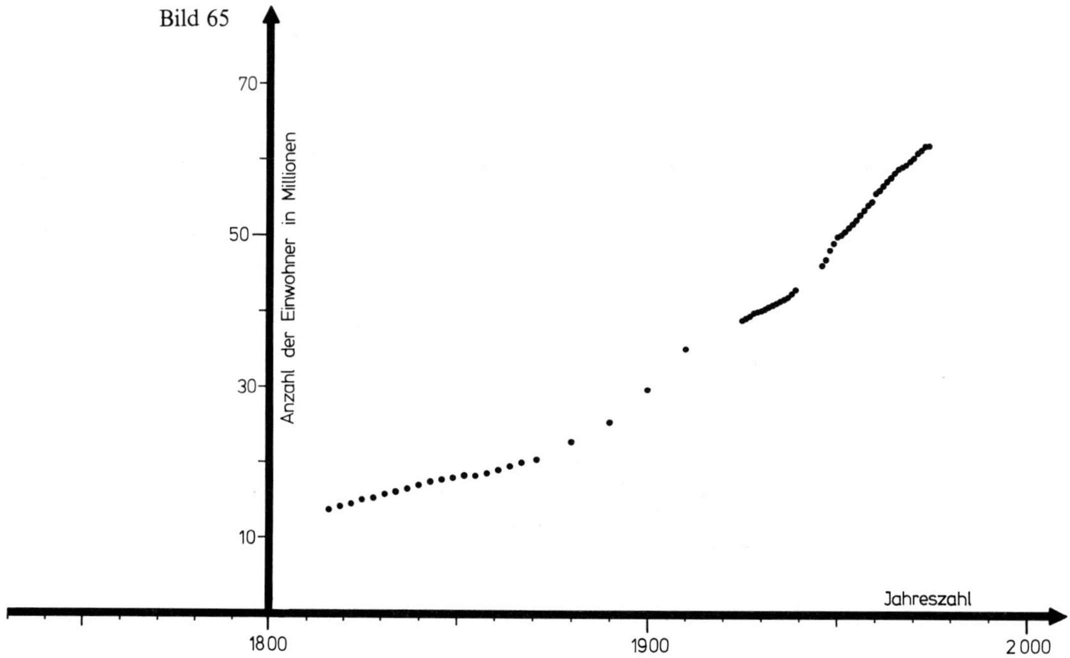

In den Zeitungen liest man immer wieder von Vorhersagen der Bevölkerungsentwicklung. Das heißt aber doch, daß man das Schaubild nach rechts (und bei Aussagen über die nicht erfaßte Vergangenheit auch nach links) fortsetzt. Dazu braucht man aber eine geeignete Funktion, deren Graph das Schaubild möglichst gut wiedergibt.
Man könnte dabei zunächst an die Verwendung einer quadratischen Funktion, also an eine Parabel, denken. Allerdings ist die Parabel achsensymmetrisch, während der Bevölkerungszuwachs wohl auch in der nahen Vergangenheit monoton angestiegen ist. Man verwendet daher lieber die Exponentialfunktion. Die Erfahrung lehrt, daß sie sich tatsächlich zur Beschreibung solcher Wachstumsvorgänge vorzüglich eignet.

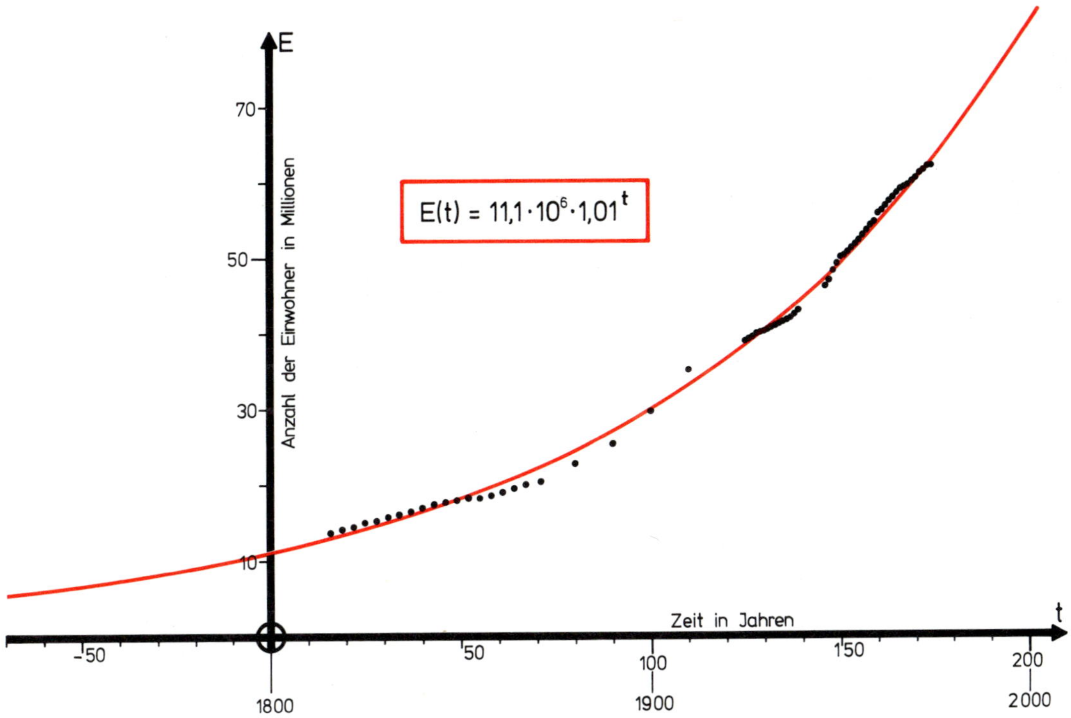

Bild 66

Im Bild 66 ist eine geeignete Exponentialfunktion eingezeichnet. Ihr Term ist von der Form

$$f(t) = a \cdot b^t.$$

Die Basis b ist eine von 1 verschiedene positive Zahl, t ist die Zeit. Sowohl bei Wachstumsprozessen als auch bei Zerfallsprozessen (z. B. dem radioaktiven Zerfall) hat sich die Exponentialfunktion bewährt. Wir untersuchen sie mit den Mitteln der Kurvendiskussion.

Vorher aber erinnern wir uns noch an einige Potenzgesetze, die wir wieder brauchen werden.

Für $b > 0$ und $u, v \in \mathbb{R}$ sowie $w > 0$ gelten die **Potenzregeln:**

$b^u \cdot b^v = b^{u+v}$;

$b^{-u} = \frac{1}{b^u}$;

$\frac{b^u}{b^v} = b^{u-v}$;

$(b^u)^v = b^{uv}$;

$u < v \wedge b > 1 \Rightarrow b^u < b^v$;

$u < v \wedge b < 1 \Rightarrow b^u > b^v$;

$b^u = w \Leftrightarrow u = \log_b w$.

$b^{\log_b w} = w$; $u = \log_b b^u$

4.2 Die Ableitung der Exponentialfunktion

Als wesentliches Hilfsmittel zur Diskussion einer Funktion haben wir die Ableitung kennengelernt. Wir versuchen daher, die Ableitung als Grenzwert des Differenzenquotienten auszurechnen. Der Differenzenquotient von $f_b: x \mapsto b^x$ zur Stelle x heißt

$$\frac{b^{x+h} - b^x}{h} = \frac{b^x \cdot b^h - b^x}{h} = b^x \cdot \frac{b^h - 1}{h}.$$

Man sieht hier übrigens schon, daß das Problem gelöst wäre, wenn $\lim\limits_{h \to 0} \frac{b^h - 1}{h}$ bekannt wäre. Dieser Grenzwert (der vermutlich von b abhängen wird) wäre gerade die Ableitung und damit die Tangentensteigung an der Stelle 0, da $b^0 = 1$ für alle b gilt.

Die folgende Tabelle zeigt einige Werte des Differenzenquotienten zur Stelle 0 in Abhängigkeit von b und h.

b \ h	0,1	−0,1	0,01	−0,01	0,001	−0,001	0,0001	−0,0001
2	0,7177	0,6697	0,6956	0,6908	0,6934	0,6929	0,6932	0,6931
3	1,1612	1,0404	1,1047	1,0926	1,0992	1,0980	1,0987	1,0986
…	…	…	…	…	…	…	…	…
10	2,5893	2,0567	2,3293	2,2763	2,3052	2,2999	2,3029	2,3023

Ein Blick auf Bild 67 und 68 und die Tabelle macht glaubhaft, daß es im Punkt (0|1) eine Tangente und damit an der Stelle 0 eine Ableitung gibt, was die Mathematiker auch beweisen können. Der Grenzwert hängt augenscheinlich von der Basis b ab. Besonders interessant wäre eine Basis, für die er den Wert 1 hat. Dann wäre nämlich der Grenzwert des Differenzenquotienten $\lim\limits_{h \to 0} \left(b^x \cdot \frac{b^h - 1}{h}\right) = b^x \cdot 1 = b^x$ und

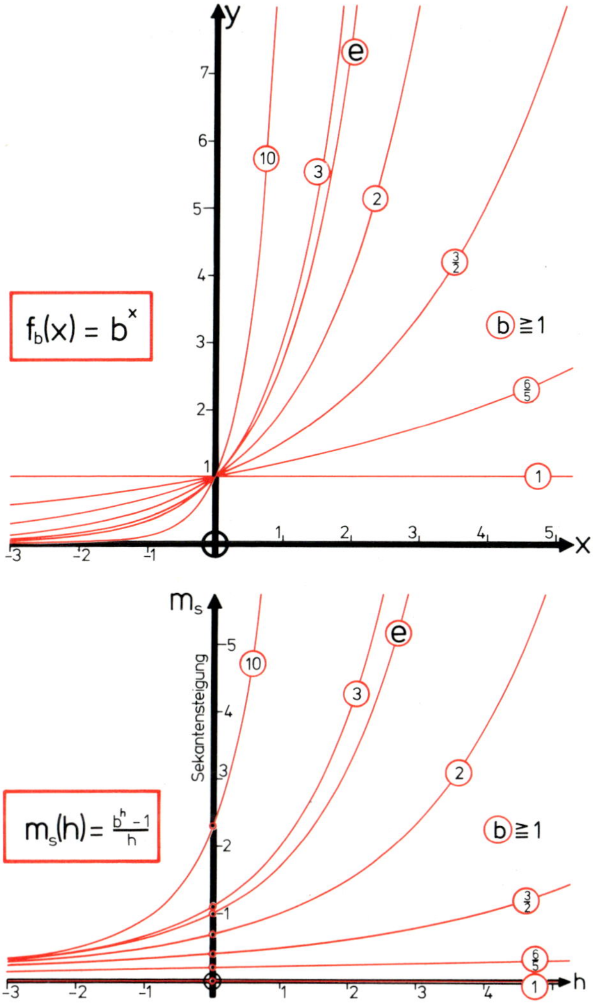

Bild 67

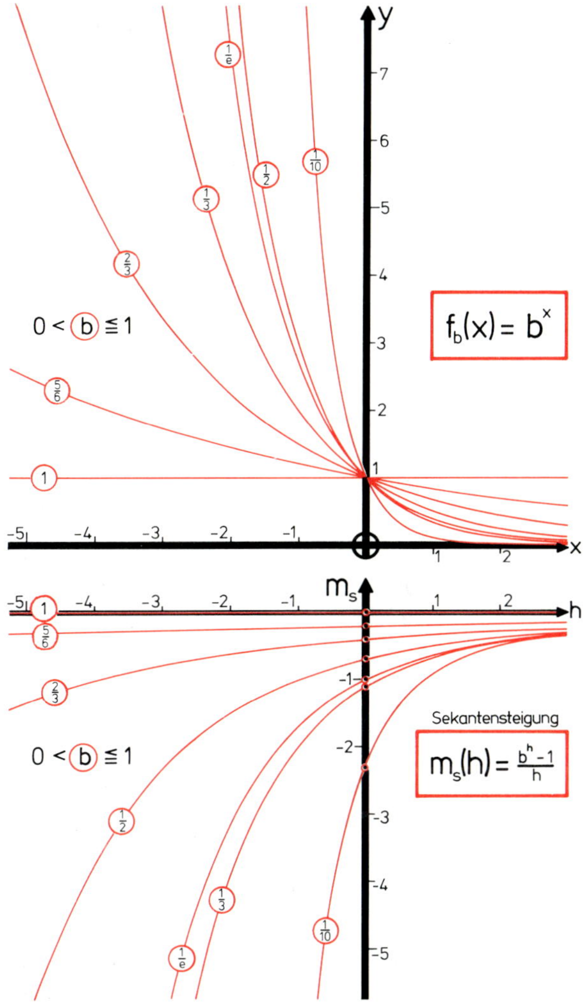

Bild 68

die Ableitung der Funktion $f_b: x \mapsto b^x$ wäre wiederum $f_b': x \mapsto b^x$. Eine solche Basis ist vermutlich zwischen 2 und 3 zu finden, wie wir der Tabelle entnehmen. Versuchen wir, sie zu berechnen! Wir suchen also eine Zahl b, für die gilt:

$$\lim_{h \to 0} \frac{b^h - 1}{h} = 1$$

Die Mathematiker können beweisen, daß es eine solche Zahl gibt. Wir wollen sie durch eine plausible Überlegung kennenlernen.

Liegt h nahe bei 0, so müßte also $\frac{b^h - 1}{h} \approx 1$ sein, also $b^h \approx 1 + h$ beziehungsweise $b \approx (1 + h)^{\frac{1}{h}}$.

Der unbequeme Exponent $\frac{1}{h}$ läßt sich durch die einfache Substitution

$r := \frac{1}{h}$ und damit $h = \frac{1}{r}$ vermeiden.

Liegt h nahe bei 0, so ist $|r|$ sehr groß. Für die gesuchte Basis gilt damit

$$b \approx \left(1 + \frac{1}{r}\right)^r \quad \text{mit} \quad |r| \gg 1 \;{}^{*)}.$$

Der Taschenrechner liefert uns bequem Näherungswerte für die gesuchte Basis:

r	$\left(1+\frac{1}{r}\right)^r$
10^1	2,593742460
10^2	2,704813815
10^3	2,716923842
10^4	2,718145918
10^5	2,718254646
10^6	2,718281828
10^7	2,718281828

(Bild 69)

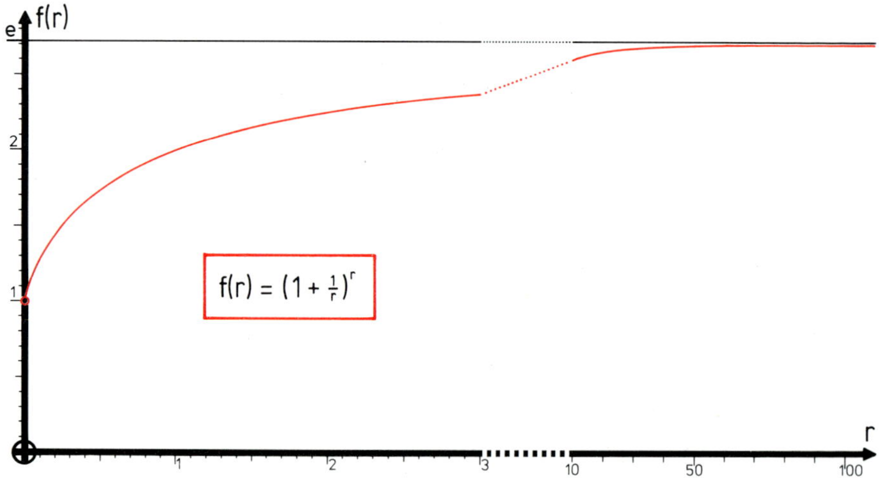

Bild 69

Die von uns gesuchte Basis ist offensichtlich recht krumm, es lohnt sich daher, ihr einen kurzen Namen zu geben, damit man sie leicht zitieren kann. Man definiert:

$$e := \lim_{r \to \infty} \left(1 + \frac{1}{r}\right)^r = 2{,}718281828\ldots$$

*) $|r| \gg 1$, gesprochen: Betrag von r ist groß gegen 1, bedeutet, daß $|r|$ »genügend groß« ist, im gleichen Sinn wie man auch sagt, daß h »genügend nahe« bei 0 ist.

Wir geben der Exponentialfunktion, die man zur Basis e bildet, also $x \mapsto e^x$, den Namen exp. (Bild 70).
Wir **schreiben** also $\exp(x) = e^x$ und **sprechen** oft einfacher von der e-Funktion.
Die Basis e heißt nach dem deutschen Mathematiker *Leonhard Euler* (1707–1783) auch Eulersche Zahl. Es gibt für sie, wie übrigens auch für die Zahl π, einen Merkvers aus Wörtern, deren Buchstabenanzahlen der Reihe nach die Ziffern der Zahl e liefern. Er heißt:

Bild 70

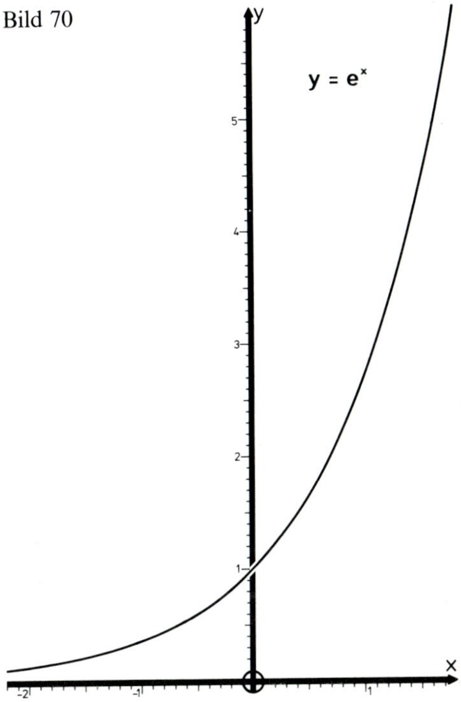

> Tu aideras à rappeler ta quantité
> à beaucoup de docteurs amis.

Für die Nicht-Franzosen eine Übersetzung:

> Du wirst vielen befreundeten Lehrern helfen,
> sich die Zahl zu merken.

Weil der übersetzte Vers seinen Zweck nicht mehr erfüllt, bieten wir noch eine neugeschaffene deutsche Fassung an:

Bild 71

Damit zurück zur strengen Mathematik!
Folgendes ist jetzt klar:

a) Die Ableitung der Funktion exp: $x \mapsto e^x$; $D_{\exp} = \mathbb{R}$ ist die Funktion exp selbst.

$$\exp' = \exp \quad \text{oder auch} \quad \frac{d}{dx} e^x = e^x$$

b) Die Ableitung von f: $x \mapsto a \cdot e^{kx}$; $D_f = \mathbb{R}$ ist nach der Kettenregel $f'(x) = a \cdot k \cdot e^{kx}$.

c) Die Ableitung einer beliebigen (zur Basis b gebildeten) Exponentialfunktion f: $x \mapsto b^x$; $D_f = \mathbb{R}$ ist

$$f'(x) = b^x \cdot \lim_{h \to 0} \frac{b^h - 1}{h}.$$

Der vorkommende Grenzwert ist aber gerade $\log_e b$, wie die folgende Überlegung zeigt:

Wie wir uns erinnern, wird die Lösung der Gleichung $e^x = b$ als Logarithmus von b zur Basis e bezeichnet. Man schreibt $x = \log_e b$ und es gilt

$$e^{\log_e b} = b\,.$$

Damit ist $b^x = (e^{\log_e b})^x = e^{x \cdot \log_e b}$.
Für $\log_e b$ schreibt man auch kurz $\ln b$. ln (sprich: ell en) heißt der **natürliche Logarithmus.**
Wir bilden die erste Ableitung

$$\frac{d}{dx}\, b^x = \frac{d}{dx}\,(e^{x \cdot \ln b}) = e^{x \ln b} \cdot \ln b \text{ (Kettenregel!)} = b^x \cdot \ln b.$$

Zusammengefaßt:

$$\boxed{\frac{d}{dx}\, b^x = b^x \cdot \ln b}$$

Wir haben dabei auch gesehen, daß man $\ln b$ als Grenzwert von $\frac{b^h - 1}{h}$ für h gegen 0 berechnen kann.

4.3 Die Exponentialfunktion zur Basis e

Weil wir jetzt die Ableitung der e-Funktion kennen, diskutieren wir nun die Funktion selbst nach unserem bekannten Schema.

$$\exp\colon x \mapsto e^x;\ D_{\exp} = \mathbb{R}$$

1 Die *maximale Definitionsmenge* ist $\mathbb{R}$

2 *Symmetrie*

Der Graph ist weder zur y-Achse noch zum Ursprung symmetrisch, da $\exp(-x) \neq \exp(x)$ und $\exp(-x) \neq -\exp(x)$ ist.

3 *Nullstellen*

exp ist nur positiv, also hat die Gleichung $\exp(x) = 0$ keine Lösung; die Funktion hat keine Nullstellen.

$$\exp'(x) = \exp(x) = e^x;\ D_{\exp'} = \mathbb{R}$$

4 *Graphenpunkte waagrechter Tangenten*

exp′ ist ebenfalls immer positiv, hat also keine Nullstelle. Der Graph hat keine waagrechte Tangente.

5 *Monotonie*

Wegen $\exp'(x) = \exp(x) > 0$ steigt der Graph echt monoton. Es gibt keine Extremwerte.

Die zweite Ableitung von exp ist wieder exp, auch sie hat keine Nullstellen und ist überall positiv.

6 *Flachpunkte*
Der Graph hat keine Flachpunkte.

7 *Krümmungsverhalten*
Der Graph ist ständig links gekrümmt.

Zur Bestimmung der Wertemenge untersuchen wir das Verhalten der Funktion an den Grenzen der Definitionsmenge.
Die Exponentialfunktion ist nach unten beschränkt ($e^x > 0$ für alle x) und steigt echt monoton. Also muß $\lim\limits_{x \to -\infty} e^x$ existieren. Ist er Null oder eine positive Zahl? Er muß Null sein, weil wir jede noch so kleine positive Zahl p mit einem Funktionswert e^x unterbieten können. Zum Beispiel mit $x = \ln \frac{p}{2}$ ist das schon geschafft, weil

$$\exp\left(\ln \frac{p}{2}\right) = \frac{p}{2} < p \text{ ist.}$$

(Diese einfache Überlegung könnte jemanden auf die Idee bringen, auch negative Zahlen mit Funktionswerten e^x zu unterbieten. Man beachte aber, daß $\ln \frac{p}{2}$ natürlich nur für $\frac{p}{2} > 0$ definiert ist.)

Es gilt also

$$\lim_{x \to -\infty} e^x = 0$$

Das läßt sich anschaulich deuten:
Wenn man das Bild 72 betrachtet, so hat man das Gefühl, daß sich der Graph von exp von der x-Achse, also von der Geraden $y = 0$, kaum noch unterscheidet, wenn man nur weit genug nach links hinausläuft. Eine solche Gerade nennen wir in Zukunft Asymptote[1]. Bevor wir diesen Begriff verwenden, fassen wir ihn aber noch genauer:

> Eine Gerade $y = mx + t$ heißt Asymptote der Funktion f für x gegen $+\infty$, wenn gilt
> $$\lim_{x \to +\infty} [f(x) - (mx + t)] = 0.$$

Entsprechend definiert man auch die Asymptote einer Funktion für x gegen $-\infty$.[2])

[1]) Aus dem Griechischen: nicht zusammenfallend
[2]) Man sollte von der »Asymptote des Graphen der Funktion f« sprechen. Wir reden salopper von der »Asymptote der Funktion«.

Bild 72

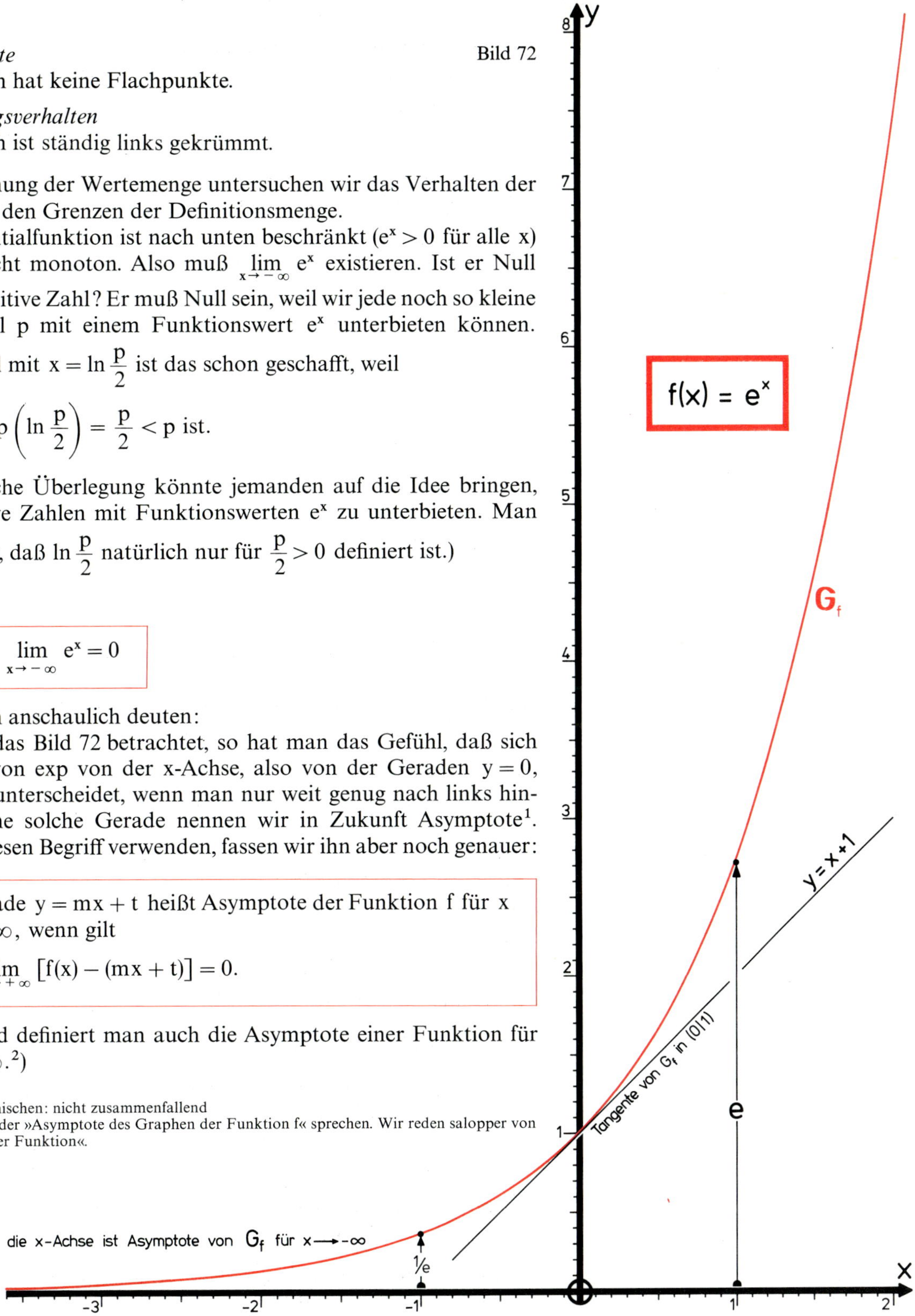

In unserem Fall ist die Gerade $y = 0$ Asymptote, weil

$$\lim_{x \to -\infty} (e^x - 0) = 0 \text{ ist.}$$

In den Bildern 67 und 68 sind noch weitere Exponentialfunktionen eingezeichnet, die für x gegen $-\infty$ bzw. für x gegen $+\infty$ als Asymptote die x-Achse haben.
Wir kennen jetzt den Grenzwert und die Asymptote der e-Funktion für x gegen $-\infty$. Was aber, wenn x gegen $+\infty$ geht? Bild 72 läßt uns vermuten, daß der Graph nach oben ins Unendliche verschwindet. Das stimmt, wie man leicht einsieht:

Weil $\lim\limits_{t \to -\infty} e^t = 0$ und $e^t > 0$ für alle t ist, muß $\lim\limits_{t \to -\infty} \frac{1}{e^t} = \lim\limits_{t \to -\infty} e^{-t}$ $= +\infty$ sein. Ersetzen wir t durch $-x$, so gilt mit $t \to -\infty$ (d.h. $-x \to -\infty$) auch $x \to +\infty$ und damit

$$\lim_{x \to +\infty} e^x = +\infty .$$

Ohne Beweis teilen wir mit, daß die e-Funktion für x gegen $+\infty$ keine Asymptote hat.
Weil die e-Funktion differenzierbar ist, ist sie auch stetig. Deshalb ist die Wertemenge $W_{exp} =]0; +\infty[= \mathbb{R}^+$ (Zwischenwertsatz!) Damit ist die Kurvendiskussion der e-Funktion abgeschlossen. Eine wichtige Anmerkung sollte aber nicht fehlen:
Die e-Funktion ist auch eine Stammfunktion von sich selbst, weil sie gleich ihrer Ableitung ist. Damit ist

$$\int \exp(x)\,dx = \exp(x) + C \quad \text{oder auch} \quad \int e^x\,dx = e^x + C .$$

Jetzt kennen wir die Funktion $\exp\colon x \mapsto e^x$; $D_{exp} = \mathbb{R}$ recht genau.
Verwenden wir statt e die Zahl b ($0 < b \neq 1$) als Basis, so ändert sich nicht viel. Es gilt nämlich

$$b = e^{\ln b} \quad \text{und damit} \quad b^x = (e^{\ln b})^x = e^{x \ln b} .$$

Der Graph der Funktion $x \mapsto b^x$ entsteht also aus dem der e-Funktion durch eine Streckung in x-Richtung mit dem Faktor $\frac{1}{\ln b}$.

4.4 Eine Kurvendiskussion mit der e-Funktion

Der Graph der e-Funktion ist recht einfach. Verknüpft man aber die e-Funktion mit anderen Funktionen, so ergeben sich abwechslungsreichere Graphen.

Wir zeigen dafür ein Beispiel:

$$f\colon x \mapsto x\,e^{-x^2};\ D_f = \mathbb{R}.$$

Berechnen wir gleich auf Vorrat die beiden ersten Ableitungen:

$$f'(x) = e^{-x^2}(1-2\ x^2);\ D_{f'} = \mathbb{R}.$$
$$f''(x) = e^{-x^2}(-4x) - 2\,x\,e^{-x^2}\cdot(1-2x^2) =$$
$$= e^{-x^2}(4x^3-6x) = 2\,x\,e^{-x^2}\cdot(2x^2-3);\ D_{f''} = \mathbb{R}.$$

1 D_f klar

2 *Symmetrie*

$$f(-x) = -x\cdot e^{-(-x)^2} = -x\cdot e^{-x^2} = -f(x),$$

also ist G_f punktsymmetrisch zum Ursprung.

3 *Nullstellen*

$$x\cdot e^{-x^2} = 0;$$

weil der zweite Faktor stets positiv ist, ist bei $x = 0$ die einzige Nullstelle.

4 *Punkte waagrechter Tangenten*

$$e^{-x^2}\cdot(1-2x^2) = 0$$

e^{-x^2} ist immer noch dauernd positiv, also müßte $1 - 2\cdot x^2 = 0$ sein oder $x^2 = \frac{1}{2}$. Demnach sind an den Stellen $x_1 = \frac{\sqrt{2}}{2}$ und $x_2 = -\frac{\sqrt{2}}{2}$ Punkte waagrechter Tangenten mit den Ordinaten $y_1 = \frac{\sqrt{2}}{2}\cdot e^{-\frac{1}{2}}$ und $y_2 = -\frac{\sqrt{2}}{2}\cdot e^{-\frac{1}{2}}$ ($y_1 \approx 0{,}429$; $y_2 \approx -0{,}429$)

5 *Monotonie*

x	x <	x_2	< x <	x_1	< x
sgn f'(x)	−1	0	1	0	−1
G_f	fällt	Tief-punkt	steigt	Hoch-punkt	fällt

Hochpunkt $\left(\frac{\sqrt{2}}{2}\,\middle|\,\frac{\sqrt{2}}{2}e^{-\frac{1}{2}}\right)$

Tiefpunkt $\left(-\frac{\sqrt{2}}{2}\,\middle|\,-\frac{\sqrt{2}}{2}e^{-\frac{1}{2}}\right)$

6 *Flachpunkte*

Nullstellen der zweiten Ableitung sind bei

$$x_3 = 0$$

$$x_4 = \frac{\sqrt{6}}{2}$$

$$x_5 = -\frac{\sqrt{6}}{2};$$

die zugehörigen Ordinaten sind

$$y_3 = 0$$

$$y_4 = \frac{\sqrt{6}}{2} \cdot e^{-\frac{3}{2}} (\approx 0{,}273)$$

$$y_5 = -\frac{\sqrt{6}}{2} \cdot e^{-\frac{3}{2}} (\approx -0{,}273)$$

7 *Krümmungsverhalten und Wendepunkte*

x	x <	x_5	< x <	0	< x <	x_4	< x
sgn f″(x)	−1	0	+1	0	−1	0	+1
Krümmung	rechts	Wendepunkt	links	Wendepunkt	rechts	Wendepunkt	links

Bild 73 zeigt den Graphen von f in voller Schönheit.

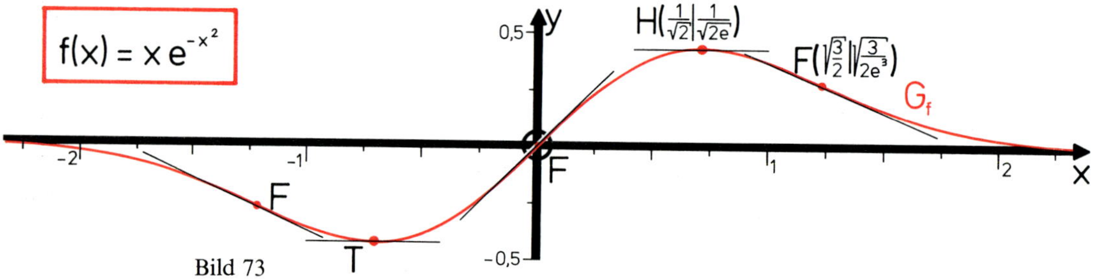

Bild 73

4.5 Polynomfunktionen als e-Funktionsersatz

Die Polynomfunktionen sind uns vertrauter als die e-Funktion. Darum wäre es schön, wenn zumindest in kleineren Bereichen die e-Funktion durch eine Polynomfunktion zu ersetzen wäre. Wir begnügen uns damit, die e-Funktion in der Gegend der Stelle Null anzunähern.

Wir wissen aus **4.2**, daß $e \approx (1 + h)^{\frac{1}{h}}$ für $|h| \ll 1$ ist. Also ist $e^h \approx 1 + h$. Damit haben wir als erste Näherung gefunden

$$e^x \approx 1 + x \quad \text{für} \quad |x| \ll 1$$

In Bild 74 sehen wir, daß $y = 1 + x$ sogar Tangente des Graphen an der Stelle Null ist. Außerdem liegt der Graph der e-Funktion immer (außer an der Stelle Null selbst) **über** der Tangente, also

$$e^x > 1 + x$$

In Aufgabe **41** soll dafür der rechnerische Nachweis durchgeführt werden.
Die Abweichung der Geraden von der e-Kurve wird um so größer, je weiter wir von der Stelle Null weggehen. Eine bessere Näherung erreichen wir mit einer Parabel. Wie finden wir sie? Ein gutes Verfahren dafür verdanken wir dem englischen Mathematiker *Brook Taylor* (1685–1731).

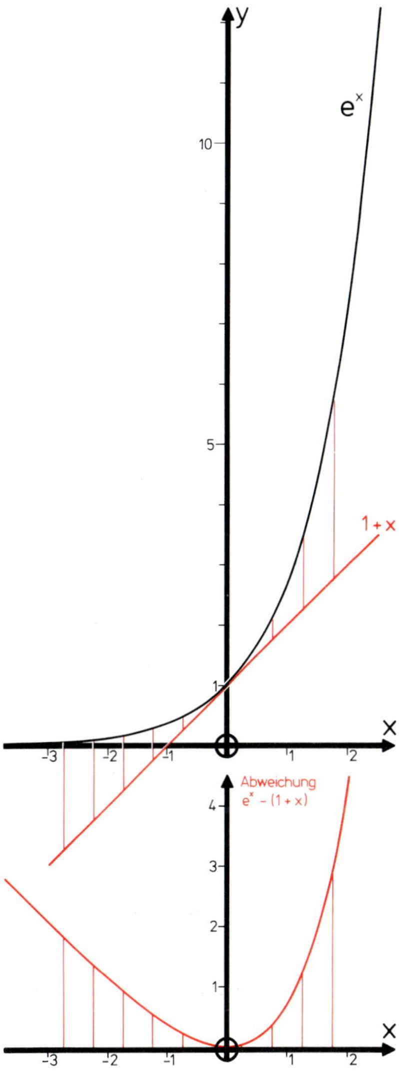

Bild 74

Bei der eben gefundenen Geraden, die gleichzeitig Tangente an den Graphen der e-Funktion ist, stimmen nicht nur die Funktionswerte, sondern auch die erste Ableitung der e-Funktion bei Null und die Steigung der Geraden überein. Bei der Parabel verlangen wir nun zusätzlich, daß auch ihre zweite Ableitung bei Null mit der zweiten Ableitung der e-Funktion an dieser Stelle übereinstimmt. Wir setzen den Term der Parabel zunächst allgemein an:

$$\begin{array}{lll} p_2(x) = a_2x^2 + a_1x + a_0; & p_2(0) = a_0; & \exp(0) = 1; \\ p_2'(x) = 2a_2x + a_1; & p_2'(0) = a_1; & \exp'(0) = 1; \\ p_2''(x) = 2a_2; & p_2''(0) = 2a_2; & \exp''(0) = 1; \end{array}$$

Wegen der geforderten Übereinstimmung muß also gelten

$$a_0 = 1; \; a_1 = 1; \; 2a_2 = 1 .$$

Damit heißt die Funktionsgleichung der gesuchten Parabel

$$p_2(x) = \tfrac{1}{2}x^2 + x + 1 .$$

Bild 75, Seite 88 zeigt die bessere Annäherung durch die Parabel. Wir haben damit als zweite Näherung

$$e^x \approx \tfrac{1}{2}x^2 + x + 1 .$$

Wir vermuten, daß die Annäherung um so besser wird, je höher die Potenz der Polynomfunktion ist. Deshalb nehmen wir gleich ein Polynom n-ten Grades und verlangen, daß die Funktionswerte von e-Funktion und Polynomfunktion und möglichst viele Ableitungen bei Null übereinstimmen.

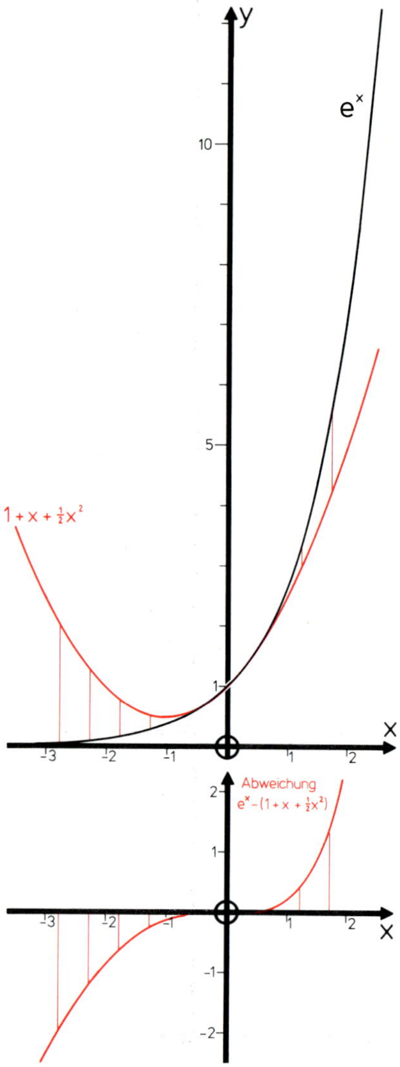

Bild 75

Der Term des Polynoms n-ten Grades lautet

$$p_n(x) = a_n x^n + a_{n-1} x^{n-1} + \ldots + a_2 x^2 + a_1 x + a_0 ; \; p_n(0) = a_0 .$$

Wir bilden die Ableitungen

$$p_n'(x) \;= n\, a_n\, x^{n-1} + (n-1) a_{n-1} x^{n-2} + \ldots + 2 a_2 x + a_1 ; \; p_n'(0) = a_1 .$$

$$\vdots$$

$$p_n^{(k)}(x) = \ldots + k \cdot (k-1) \cdot (k-2) \cdot \ldots \cdot 2 a_k ;$$

$$p_n^{(k)}(0) = \qquad k \cdot (k-1) \cdot (k-2) \cdot \ldots \cdot 2 \cdot a_k .$$

Das Produkt $k \cdot (k-1) \cdot (k-2) \cdot \ldots \cdot 2$ kommt in der Mathematik öfter vor und wird deshalb abgekürzt mit dem Symbol $k!$ (gesprochen: ka Fakultät).
$k!$ ist also das Produkt der natürlichen Zahlen von 1 bis k; so ist zum Beispiel $5! = 1 \cdot 2 \cdot 3 \cdot 4 \cdot 5 = 120$.

Die Mathematiker mit ihrem Vollständigkeitsdrang haben auch noch $1! = 1$ und $0! = 1$ definiert. Den Grund dafür sehen wir an der Formel

$$n! = [1 \cdot 2 \cdot 3 \cdot \ldots \cdot (n-1)] \cdot n = (n-1)! \cdot n .$$

1! und 0! sind so definiert worden, daß die Formel $n! = (n-1)! \cdot n$ auch für $n = 2$ und $n = 1$ gilt.
Da $2! = 1 \cdot 2 = 2$ ist, muß nach dieser Formel $2! = (2-1)! \cdot 2$ also $1! = 1$ sein und außerdem $1! = (1-1)! \cdot 1$, also $0! = 1$. Wir fassen zusammen:

$$\begin{aligned} 0! &= 1 \\ 1! &= 1 \\ 2! &= 1 \cdot 2 \\ 3! &= 1 \cdot 2 \cdot 3 \\ &\vdots \\ k! &= 1 \cdot 2 \cdot 3 \cdot \ldots \cdot k \end{aligned}$$

Damit schreiben wir die k-te Ableitung unserer Polynomfunktion an der Stelle Null

$$p_n^{(k)}(0) = k! \cdot a_k .$$

Diese Formel stimmt übrigens auch für $k = 0$ und $k = 1$.
Weil alle Ableitungen der e-Funktion bei Null den Wert 1 haben, muß also $k! \cdot a_k = 1$ sein und somit $a_k = \frac{1}{k!}$.
Die gesuchte Polynomfunktion n-ten Grades heißt demnach

$$p_n(x) = \frac{1}{n!} x^n + \frac{1}{(n-1)!} x^{n-1} + \ldots + \frac{1}{2!} x^2 + \frac{1}{1!} x + \frac{1}{0!} .$$

Üblicherweise ordnet man in diesem Zusammenhang das Polynom nach steigenden Potenzen und wir erhalten als n-te Näherung

$$e^x \approx \frac{1}{0!} + \frac{1}{1!}x + \frac{1}{2!}x^2 + \ldots + \frac{1}{n!}x^n,$$

$$\text{kurz} \quad e^x \approx \sum_{k=0}^{n} \frac{1}{k!} \cdot x^k$$

Der Reihe nach ergeben sich folgende Näherungen für $|x| \ll 1$

$e^x \approx 1$

$e^x \approx 1 + x$ (Bild 74)

$e^x \approx 1 + x + \frac{1}{2}x^2$ (Bild 75)

$e^x \approx 1 + x + \frac{1}{2}x^2 + \frac{1}{6}x^3$ (Bild 76)

$e^x \approx 1 + x + \frac{1}{2}x^2 + \frac{1}{6}x^3 + \frac{1}{24}x^4$ (Bild 77)

$\vdots$

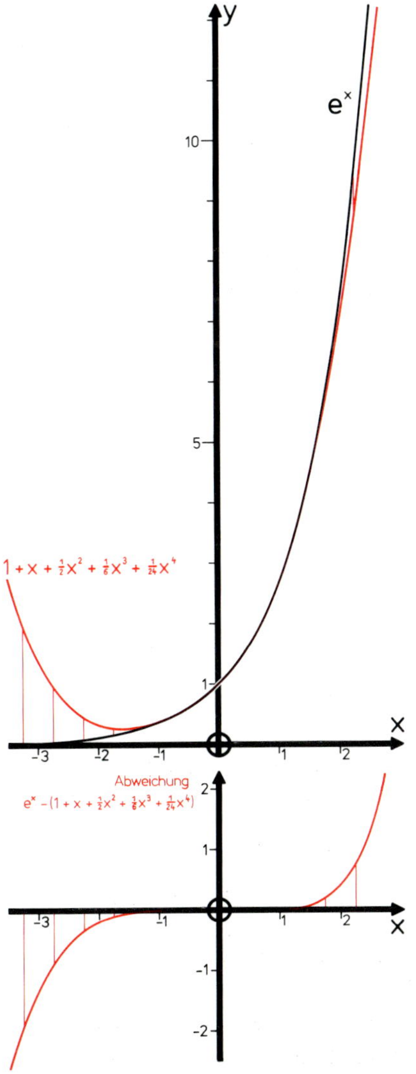

Bild 77

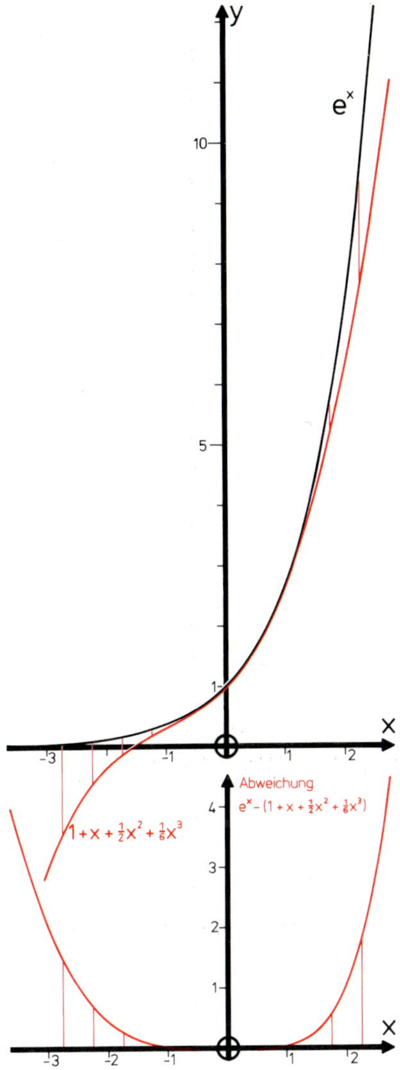

Bild 76

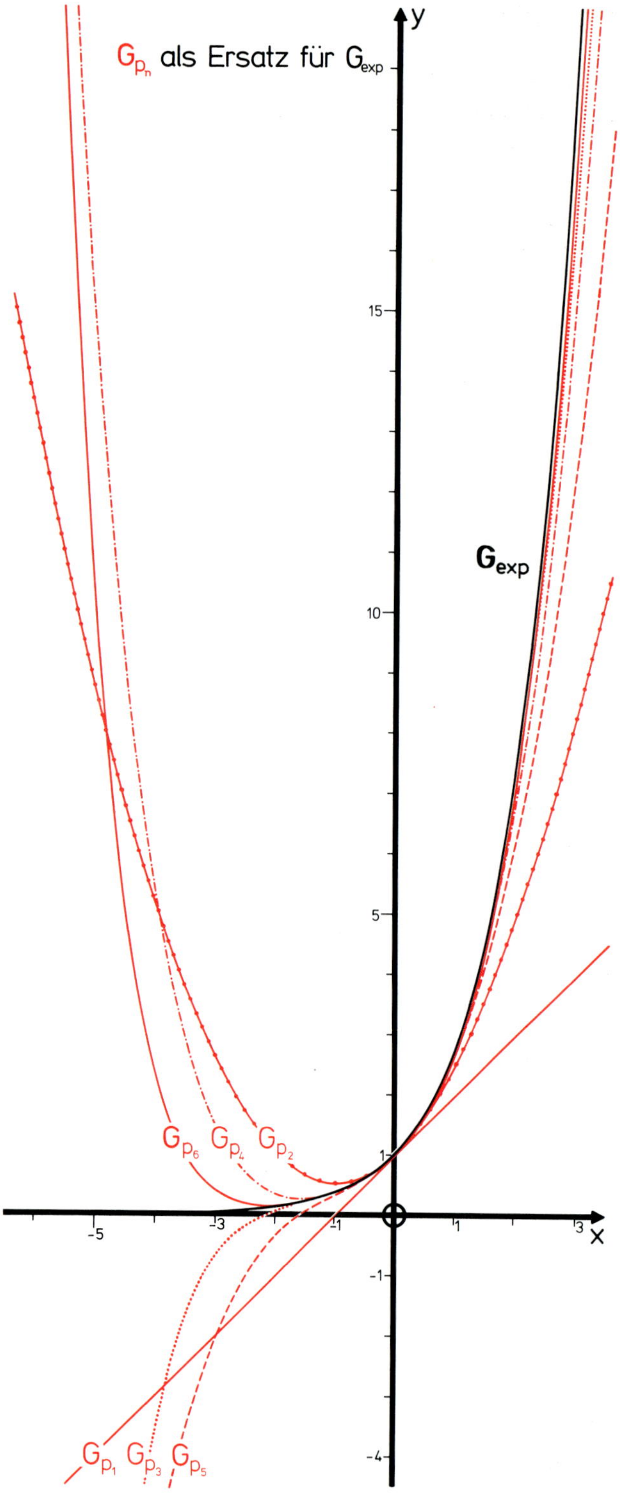

Setzen wir hier x = 1, so haben wir eine Möglichkeit gefunden, Näherungswerte für die Zahl e zu berechnen:

$$e \approx \sum_{k=0}^{n} \frac{1}{k!}.$$

Bild 78 gibt uns einen zusammenfassenden Überblick, und zeigt, wie gut die Näherungen bis n = 6 sind.

Bild 78

4.6 Die Exponentialfunktion als Wachstumsfunktion

Am Anfang dieses Kapitels haben wir gesehen, daß sich die Entwicklung der Bevölkerungszahl in Deutschland recht gut durch eine Exponentialfunktion annähern läßt. Überlegen wir einmal, warum das so ist.

Nehmen wir an, daß der Zuwachs der Bevölkerung $\Delta f(t)$ sowohl proportional zur Zeit Δt als auch zur jeweils vorhandenen Bevölkerungszahl $f(t)$ ist, kurz gesagt

$$\Delta f(t) = f(t + \Delta t) - f(t) \approx k \cdot f(t) \Delta t,$$

wobei k ein geeigneter Proportionalitätsfaktor ist. Je größer k ist, desto rascher wächst die Bevölkerung, für negative Werte von k stirbt sie aus.
Wir dividieren die Gleichung durch Δt:

$$\frac{f(t + \Delta t) - f(t)}{\Delta t} \approx k \cdot f(t).$$

Die linke Seite der Gleichung kann geometrisch als Sekantensteigung gedeutet werden. Die Proportionalität von Zuwachs zur Zeitspanne beziehungsweise Bevölkerungszahl stimmt um so besser, je kleiner die Zeitspanne Δt ist. Wir gehen also zum Grenzwert $\Delta t \to 0$ über und erhalten

$$f'(t) = k \cdot f(t).$$

Die Ableitung der Wachstumsfunktion f ist also bis auf den Faktor k gleich der Funktion f selbst. Eine Funktion mit dieser Eigenschaft haben wir aber gerade kennengelernt.
Die Funktion $g\colon x \mapsto e^{kt};\ D_g = \mathbb{R}$ hat nämlich die Ableitung $g'(t) = k \cdot e^{kt} = k \cdot g(t)$.
Ist die Funktion g die einzige, die unsere Forderung erfüllt? Nehmen wir einmal an, es gäbe eine weitere differenzierbare Funktion h mit der Eigenschaft $h' = k \cdot h$. Der Quotient beider Funktionen $\frac{h}{g}$ hat die Ableitung

$$\left(\frac{h}{g}\right)' = \frac{gh' - hg'}{g^2} = \frac{g(kh) - h(kg)}{g^2} = 0.$$

Die Ableitung des Quotienten ist Null, also muß der Quotient selbst eine Konstante sein; wir nennen sie c.
Damit ist

$$\frac{h}{g} = c;\ h = cg.$$

Alle möglichen differenzierbaren Wachstumsfunktionen sind also Vielfache von g. Damit ist $f\colon x \mapsto c \cdot e^{kt};\ D_f = \mathbb{R}$ der allgemeine Typ einer differenzierbaren Wachstumsfunktion.
Die Konstante c hat eine sehr einfache Bedeutung: wegen $f(0) = c$

ist sie gerade der Bevölkerungsstand zur Zeit $t = 0$. Es ist etwas komplizierter, die Bedeutung von k zu erklären.

$$k \approx \frac{\Delta f(t)}{f(t) \cdot \Delta t}\,; \quad \text{anders geschrieben} \quad k \approx \frac{\Delta f(t)}{\Delta t} : f(t)\,.$$

Der Quotient aus Zuwachs $\Delta f(t)$ und Zeitspanne Δt, also $\frac{\Delta f(t)}{\Delta t}$ heißt **Zuwachsrate**; der Quotient aus Zuwachsrate und Bestand $f(t)$ heißt **relative Zuwachsrate.**

Unsere Überlegung hat einen kleinen Schönheitsfehler: das Ungefährzeichen statt des Gleichheitszeichens. Der genaue Wert von k ergibt sich aus der obigen Gleichung als $k = \frac{f'(t)}{f(t)}$.

Muß die Wachstumsfunktion eigentlich unbedingt die Basis e verwenden? Das muß sie nicht.

Wegen

$$b = e^{\ln b}$$

gilt

$$b^x = (e^{\ln b})^x = e^{x \cdot \ln b}\,.$$

Man kann sich also eine beliebige Basis b aussuchen, muß dann aber eine andere Konstante k wählen.

Trotzdem wählen wir meistens die Basis e, weil sich zum einen die e-Funktion so leicht differenzieren läßt und weil sie zum anderen bei den meisten elektronischen Rechnern auf Knopfdruck zur Verfügung steht.

An einigen Beispielen üben wir den Umgang mit der Wachstumsfunktion.

1. Eine altbekannte Aufgabe

Kung-Fu hatte in seinen Teich mitten in der Nacht (0 Uhr) zum 1. April eine wundersame Lotuspflanze gesetzt, die jeweils während 24 Stunden auf die doppelte Fläche anwuchs. Genau 30 Tage nach dem Setzen bedeckte sie um Mitternacht den Teich vollständig. Wann bedeckte sie den halben Teich?

(Denkzeit: 29 Sekunden!) – –

Natürlich nach dem 29. Tag um Mitternacht.

Diese Antwort ist auch schon lange bekannt. Schwieriger ist die Beantwortung der folgenden Frage: Welcher Teil des Teichs war am 29. April um 12 Uhr mittags bedeckt?

Zur Lösung konstruieren wir eine passende Wachstumsfunktion $f(t) = c \cdot e^{kt}$.

Es sei dabei t die Zeit in Tagen; zur Zeit $t = 0$ wird die Pflanze in den Teich gesetzt. $f(t)$ ist der von der Pflanze zum Zeitpunkt t bedeckte Teil des Teichs. Dann ist also $f(0) = c$ der vom Setzling bedeckte Teil und $f(30) = 1$. Außerdem wissen wir $f(29) = \frac{1}{2}$.

Das liefert die beiden Gleichungen zur Bestimmung von c und k

1 $c \cdot e^{29k} = \frac{1}{2}$ und **2** $c \cdot e^{30k} = 1\,.$

Bild 79

Dividieren wir die zweite Gleichung durch die erste, so ergibt sich

$$e^k = 2 \quad \text{beziehungsweise} \quad k = \ln 2 .$$

Der Rechner gibt uns für $\ln 2$ den Wert 0,693.... Setzt man für e^k den Wert 2 in die 2. Gleichung ein, so folgt $c \cdot 2^{30} = 1$ und daraus $c = 2^{-30} \approx 1$ Milliardstel (des Teichs).
Damit haben wir die Wachstumsfunktion:

$$f(t) = 2^{-30} e^{t \cdot \ln 2} = 2^{-30} \cdot (e^{\ln 2})^t$$

Zur Veranschaulichung: Eine Lotuspflanze mit einem Blatt in natürlicher Größe würde bei diesem Wachstum nach 30 Tagen den ganzen Starnberger See bedecken.
Man sieht am Ergebnis, daß in diesem Beispiel die Basis 2 wesentlich günstiger gewesen wäre. Der Term von f hätte dann die Form

$$f(t) = 2^{-30} \cdot 2^t = 2^{t-30} .$$

Für $t = 29{,}5$ ist also

$$f(29{,}5) = 2^{-0{,}5} = \frac{1}{\sqrt{2}} \approx 0{,}707 \ldots$$

Nach 29,5 Tagen sind also 70,7% des Teichs bedeckt.

2. Problem eines Millionärs

Ein Millionär hat 10 Millionen Mark und möchte noch mehr Geld daraus machen, ohne selber zu arbeiten. Er beschließt also, den ganzen Betrag auf eine Bank zu bringen und durch Zinsen vermehren zu lassen. Die Banken in seiner Gegend bieten folgende Zinsbedingungen an:
Die »Ganzjahresbank« verzinst pro Jahr zu 6%.
Die »Halbjahresbank« verzinst pro Halbjahr zu $\frac{6}{2}\% = 3\%$.
Die »Vierteljahresbank« verzinst pro Vierteljahr zu $\frac{6}{4}\% = 1{,}5\%$.
Die »Monatsbank« verzinst pro Monat zu $\frac{6}{12}\% = 0{,}5\%$.
Die »Tagesbank« (das Jahr hat einfachheitshalber 360 Tage) verzinst pro Tag zu $\frac{6}{360}\% = \frac{1}{60}\%$.
Wir helfen ihm bei der Entscheidung, auf welcher Bank er das Geld am günstigsten anlegt, indem wir ausrechnen, wie sich die zehn Millionen in den verschiedenen Banken vermehren, wenn wir sie jeweils ein ganzes Jahr lang verzinsen lassen.
Auf der Ganzjahresbank kommen zum ursprünglichen Kapital am Ende des Anlagejahres sechs Prozent Zinsen dazu, also ist das Gesamtvermögen am Ende des Jahres

$$10\,000\,000 + 10\,000\,000 \cdot \tfrac{6}{100} = 10\,000\,000\,(1 + \tfrac{6}{100}) = 10\,600\,000 .$$

Auf der Halbjahresbank wird das ursprüngliche Kapital nach dem ersten Halbjahr um drei Prozent vermehrt, also ist der Kontostand

$$10\,000\,000 + 10\,000\,000 \cdot \tfrac{6}{100 \cdot 2} = 10\,000\,000\,(1 + \tfrac{6}{100 \cdot 2}) ;$$

dieses Geld steht also zu Beginn des zweiten Halbjahres als neues

Anfangskapital zur Verfügung und wird im zweiten Halbjahr wieder mit 3% verzinst. Am Ende des zweiten Halbjahrs ist demnach der Kontostand

$$10000000\left(1+\frac{6}{100\cdot 2}\right)\left(1+\frac{6}{100\cdot 2}\right) = 10000000\left(1+\frac{6}{100\cdot 2}\right)^2 = 10609000.$$

Der Endstand nach einem Jahr Verzinsung ist immerhin 9000 Mark höher als auf der Ganzjahresbank.
Weil hier und im folgenden die Zinsen stehengelassen und wieder verzinst werden, spricht man vom Zins der Zinsen oder kürzer vom Zinseszins.
Bei den Berechnungen für die anderen Banken müssen wir genauso vorgehen und ermitteln

für die Vierteljahresbank $10000000\left(1+\frac{6}{100\cdot 4}\right)^4 = 10613635$,

für die Monatsbank $10000000\left(1+\frac{6}{100\cdot 12}\right)^{12} = 10616778$,

für die Tagesbank $10000000\left(1+\frac{6}{100\cdot 360}\right)^{360} = 10618313$

als Kontostand nach einem ganzen Jahr.

Unser Millionär stellt fest, daß er um so mehr Geld bekommt, je »feiner« die Bank verzinst. Ist es möglich, daß eine ganz feine Verzinsung das Geld ins Unermeßliche anwachsen läßt oder ist der Geldzuwachs bei noch so feiner Verzinsung begrenzt?
Um diese Frage zu klären, gründen wir eine »n-tel-Jahresbank«; sie verzinst nach jedem n-tel Jahr mit $\frac{6}{n}\% = \frac{6}{100\cdot n}$. Auf ihr liegt nach einem Jahr der Betrag

$$10000000\left(1+\frac{6}{100\cdot n}\right)^n.$$

Die Fälle $n \in \{1,2,4,12,360\}$ haben wir gerade behandelt. Was aber passiert für beliebig feine Verzinsung, also $n \to \infty$? Man sieht dies leichter, wenn man $\frac{6}{100\cdot n} = \frac{1}{r}$ setzt. Damit ist $n = \frac{6}{100}\cdot r$ und der Kontostand ist

$$10000000\left(1+\frac{1}{r}\right)^{\frac{6}{100}\cdot r} = 10000000\cdot\left[\left(1+\frac{1}{r}\right)^r\right]^{\frac{6}{100}}.$$

In der eckigen Klammer steht ein alter Bekannter aus Kapitel 4.2. Für $n \to \infty$ geht auch $r \to \infty$, der Inhalt der eckigen Klammer strebt gegen e:

$$\lim_{r\to\infty} 10000000\left[\left(1+\frac{1}{r}\right)^r\right]^{\frac{6}{100}} = 10000000\cdot e^{\frac{6}{100}} = 10618365{,}46$$

Die Verzinsungsart, die diesen Betrag liefert, heißt stetige Verzinsung; bei ihr verzinst sich das Geld von Augenblick zu Augenblick, wobei die Zinsen immer sofort dem Kapital zugeschlagen werden.
Auch bei stetiger Verzinsung, der »feinsten« Verzinsung die möglich ist, vermehrt sich also das Geld nicht beliebig.

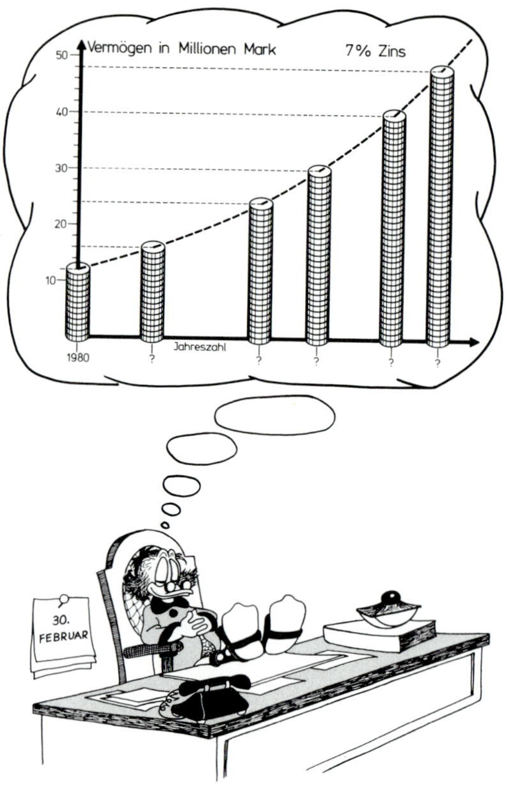

Bild 80

Wir stellen das Problem des Millionärs noch einmal ganz allgemein dar:

K sei das Anfangskapital, es wird pro Jahr mit $p\% = \frac{p}{100}$ verzinst. Nach einem Jahr liefert die n-tel-Jahresbank $K\left(1 + \frac{p}{100 \cdot n}\right)^n$, bei stetiger Verzinsung ergibt sich als Endkapital $K \cdot e^{\frac{p}{100}}$.

Unter diesen Bedingungen könnten wir das Geld t Jahre auf der Bank liegen lassen und versuchen, eine Formel für die stetige Verzinsung abzuleiten, die uns das Endkapital K(t) in Abhängigkeit von der Zeit t angibt.

Wir überlegen uns dazu, auf welche Beträge das Anfangskapital K nach einem Jahr, nach zwei Jahren, nach drei Jahren usw. angewachsen ist.

Jahr	*Anfangskapital*	*Endkapital = Anfangskap. d. Folgejahrs*
1	K	$K(1) = K \cdot e^{\frac{p}{100}}$
2	$K \cdot e^{\frac{p}{100}}$	$K(2) = \left(K \cdot e^{\frac{p}{100}}\right) \cdot e^{\frac{p}{100}} = K \cdot e^{\frac{p}{100} \cdot 2}$
3	$K \cdot e^{\frac{p}{100} \cdot 2}$	$K(3) = \left(K \cdot e^{\frac{p}{100} \cdot 2}\right) \cdot e^{\frac{p}{100}} = K \cdot e^{\frac{p}{100} \cdot 3}$
$\vdots$		
t	$K \cdot e^{\frac{p}{100}(t-1)}$	$K(t) = K \cdot e^{\frac{p}{100} \cdot t}$ (Bild 80)

Die Wachstumsfunktion

$t \mapsto K \cdot e^{\frac{p}{100} \cdot t}$ gibt die Größe des Kapitals im Laufe der Zeit an. Kein Wunder, entspricht doch die stetige Verzinsung genau der Vorstellung, die wir uns vom Wachsen machen:
das soeben Erzeugte erzeugt sofort wieder Neues im selben Maß.

3. Wie schluckt Wasser Licht?

Jeder Taucher weiß, daß es um so dunkler wird, je tiefer er taucht. Die Physiker erklären dies damit, daß Wasser Licht verschluckt (absorbiert). Jeder Absorption von Strahlung liegt dieselbe Gesetzmäßigkeit zugrunde. Wir werden sie hier ableiten.
In Bild 81 absorbiert eine Schicht der Dicke Δx die Strahlung der Intensität ΔI.
Physikalische Versuche ergeben

Bild 81

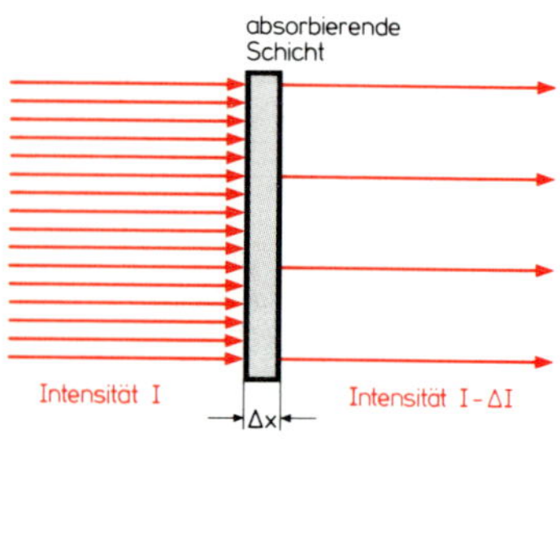

a) Bei gleich dicken Schichten gleichen Materials ist der Intensitätsverlust ΔI proportional zur Intensität I vor der Schicht (Bild 82):

$$\Delta I \sim I, \text{ falls } \Delta x \text{ konstant.}$$

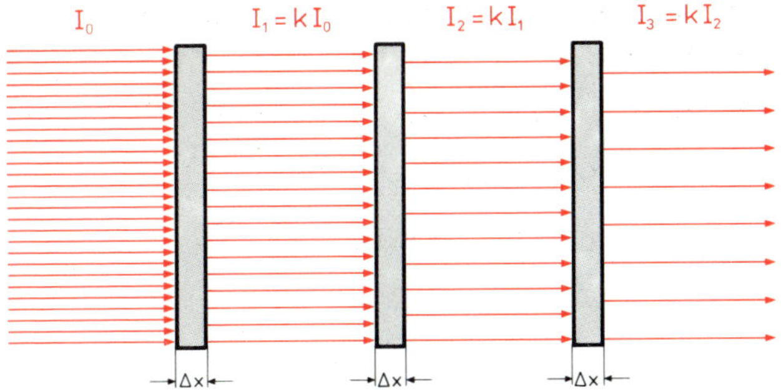

Bild 82

b) Bei sehr dünnen Schichten ($\Delta x \ll 1$) und konstanter Intensität ist der Intensitätsverlust annähernd proportional zur Schichtdicke Δx:

$$\Delta I \sim \Delta x, \text{ falls I konstant.}$$

Beide Proportionalitäten zusammengefaßt ergeben $\Delta I \sim I \cdot \Delta x$. Üblicherweise macht man aus so einem Ausdruck eine Gleichung, indem man einen Proportionalitätsfaktor einführt. Wir tun dies auch, müssen aber zwei Dinge beachten:
ΔI ist eine negative Größe, denn die Intensität hinter der Schicht ist kleiner als davor; wir wählen deshalb auch den Proportionalitätsfaktor $-k$, damit k selbst als Materialkonstante positiv ist.
Die Bedingung **b)** gilt nur ungefähr, deshalb haben wir trotz Einführung des Faktors k noch keine Gleichung.
Wir schreiben jetzt

$$\Delta I \approx -k \cdot I \cdot \Delta x \quad \text{oder} \quad \frac{\Delta I}{\Delta x} \approx -k \cdot I.$$

Diese Beziehung stimmt um so besser, je kleiner Δx ist. Weil wir wirklich wissen wollen, wie Wasser Wellen würgt, suchen wir also I als Funktion von x. Für sehr kleine Δx ist die Sekantensteigung $\frac{\Delta I}{\Delta x}$ des Graphen der Funktion ungefähr gleich der Tangentensteigung $\frac{dI(x)}{dx}$ und die Gleichung heißt

$$\frac{dI(x)}{dx} = I'(x) = -k \cdot I(x).$$

Die Funktion I stimmt demnach, genau wie die e-Funktion, bis auf einen Faktor mit ihrer Ableitung überein. Ähnlich wie in 4.6 ergibt sich

$$I(x) = c \cdot e^{-kx}.$$

c finden wir, indem wir für x Null einsetzen:
$I(0) = c \cdot e^0 = c = I_0$,
I_0 ist dabei die Anfangsintensität. Der Intensitätsverlauf irgendeiner Strahlung in Materie ist somit

$$I(x) = I_0 \cdot e^{-kx} \quad \text{(Lambert-Beersches Gesetz).}$$

Die Materialkonstante k heißt Absorptionskoeffizient; er wird gemessen in m^{-1} und ist ein Maß für das Absorptionsvermögen. Bei großem k-Wert wird viel Strahlung verschluckt, bei kleinem k-Wert wenig.
Hier einige Werte:

	k in m^{-1}
Wasser	2,4
Flintglas	4,6
Pech	$1{,}4 \cdot 10^5$
Graphit	$2 \cdot 10^7$
Gold	$8 \cdot 10^8$

Man hat zur Absorption zwei anschauliche Größen eingeführt: Die **mittlere Reichweite** w einer Strahlung ist der Kehrwert des Absorptionskoeffizienten k, also $w = \frac{1}{k}$. Wir berechnen die Intensität der Strahlung in der Entfernung w von der Eintrittsstelle zu

$$I(w) = I_0 \cdot e^{-kw} = I_0 \cdot e^{-k \cdot \frac{1}{k}} = I_0 \cdot e^{-1}\,.$$

Damit ist

$$\frac{I(w)}{I_0} = \frac{1}{e} \approx 37\%\,.$$

Licht, das in Wasser $w = \frac{1}{k} = 0{,}42$ m zurückgelegt hat, hat nur noch 37% seiner ursprünglichen Intensität. In Pech ist es schon nach 0,00714 mm und in Gold bereits nach 0,000012 mm so weit geschwächt. In genügend dünnen Schichten sind alle Stoffe lichtdurchlässig.
Die **Halbwertsdicke** d_h eines Stoffes ist diejenige Länge einer Strecke, auf der die Strahlung auf die halbe Intensität geschwächt wird (beim Taucher: Halbwertstiefe):

$$I(d_h) = I_0 \cdot e^{-kd_h} = \tfrac{1}{2} \cdot I_0$$

$$e^{-kd_h} = \tfrac{1}{2} = 2^{-1} = e^{-\ln 2}$$

$$-k \cdot d_h = -\ln 2$$

$$d_h = \frac{\ln 2}{k} = w \cdot \ln 2$$

In der Tauchtiefe $d_h = 0{,}42\,\text{m} \cdot \ln 2 = 0{,}29\,\text{m}$ ist die Lichtintensität also nur noch halb so groß wie überm Wasser.
Bild 83 zeigt uns den Intensitätsverlauf einer Strahlung in einem Stoff.

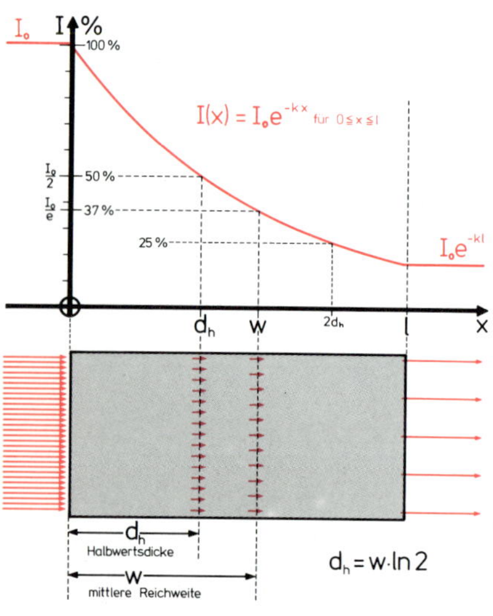

Bild 83

Streng genommen gilt das Absorptionsgesetz nur für Strahlung von Wellen einer bestimmten Frequenz oder für Strahlung von Teilchen einer bestimmten Geschwindigkeit, denn der Absorptionskoeffizient k hängt auch von der Wellenlänge bzw. Teilchengeschwindigkeit ab. So nimmt er z. B. für sichtbares Licht mit der Wellenlänge zu, d. h. $k(\text{blau}) < k(\text{rot})$, Wasser, Glas und Luft absorbieren rotes Licht stärker als blaues.
Tageslicht ist Mischlicht; dringt es durch Wasser oder Glas, so werden seine Rot- und Gelbanteile stärker geschwächt als die Grün- und Blauanteile, weswegen tiefes (sauberes) Wasser und dickes (reines) Glas einen Stich ins Grün-Blaue haben.
Und ist der Weg des Lichts genügend lang, dann wirkt auch die Luft wie ein Filter, das Rot schlechter durchläßt als Blau: Bundesbürger blicken auf blaue Berge in der Ferne.

4

Aufgaben zu 4.1

1. Vereinfache:

a) $2^{1/2} \cdot 2^{5/2}$ **b)** $64^{5/6} \cdot 64^{0,5}$ **c)** $7^{1,5} \cdot 7^{-2/3} \cdot 7^{1/6}$

d) $\dfrac{25^{2/3}}{25^{1/6}}$ **e)** $19^{7/6} : 19^{-3/4}$ **f)** $\dfrac{3^{-2} \cdot 3^{13/3}}{3^{1,5} \cdot 3^{-1/6}}$

2. Vereinfache:

a) $8^{7/4} \cdot 2^{1/2}$ **b)** $4^{-1/3} \cdot 32^{1/6}$

c) $9^4 : 3^7$ **d)** $\dfrac{6^{1/3} \cdot 12^{1/2}}{8^{-0,5} \cdot 9^{2/3}}$

3. Vereinfache:

a $(16^{3/4})^{-2}$ **b)** $(3^{-2/3})^{-3/8}$

c) $(2^8 \cdot 3^{-6})^{0,25}$ **d)** $[(7^{-1/2})^{3/4}]^{-0,8}$

4. Es gelte $0 < u < v$; welche Ungleichung besteht dann zwischen folgenden Potenzen:

a) u^2 und v^2; **b)** u^{-2} und v^{-2};

c) $u^{0,1}$ und $v^{0,1}$; **d)** u^0 und v^0.

5. Es gelte $u < v$; welche Ungleichung besteht dann zwischen folgenden Potenzen:

a) 2^u und 2^v; **b)** 2^{-u} und 2^{-v};

c) -2^u und -2^v; **d)** 1^u und 1^v.

6. Löse nach x auf:

a) $x^2 = 256$; **b)** $2^x = 256$; **c)** $2^x = 255$;

d) $256 = \log_2 x$; **e)** $\log_x 256 = 2$; **f)** $3^{3^x} = 27$.

Aufgaben zu 4.2

7. Berechne den Term $\frac{b^h - 1}{h}$ für **a)** $b = 5$, **b)** $b = 2{,}5$ und $h \in \{1; \frac{1}{10}; \frac{1}{100}; \frac{1}{1000}; \ldots\}$ soweit der Taschenrechner mitmacht.

8. Berechne: (Taschenrechner!)

a) $e^{0,1}$; **b)** $e^{-0,1}$ **c)** $\sqrt{e}$;
d) e^e; **e)** $\sqrt[e]{e}$; **f)** e^π;
g) π^e; **h)** $e^{-\sqrt{2}}$; **i)** e^{e^e};
j) $(e^e)^e$; **k)** $\frac{1}{\sqrt[3]{e^{99}}}$; **l)** $2{,}4e^{4,2}$;
m) $\frac{e^2 + e^{-2}}{2}$; **n)** $e^2 \sin 2$; **o)** $\sin(2e^2)$;
p) $\sin(2e)^2$ **q)** $(\sin 2)e^2$; **r)** $(\sin 2e)^2$.

9. Für welche x gilt: (Taschenrechner!)

a) $e^x = 2$; **b)** $e^{2x} = 10^6$; **c)** $e^{-3x} = \pi$;
d) $\sqrt{e^x} = 10^{-5}$; **e)** $e^{2x+5} = \sqrt{10}$; •**f)** $e^x + e^{-x} = 2$.

10. Für welche x gilt: (Taschenrechner!)

a) $1 < e^x < 2$; **b)** $1 < e^{-x} < 2$; **c)** $0{,}1 < e^x < 1000$;
d) $\frac{1}{e} < e^x < e$; **e)** $e^{2x} \geqq 10^{-3}$; **f)** $e^{|x|} \leqq e^e$;
g) $\frac{1 - e^x}{1 + e^x} > 0$; •**h)** $e^{2x} > e^x + 12$.

11. Leite ab:

a) $f(x) = x + e^x$; **b)** $f(x) = -\frac{3}{2}e^x$; **c)** $f(x) = 2e^x + e^2$;
d) $f(x) = xe^x$; **e)** $f(x) = x^2e^x$; **f)** $f(x) = \sqrt{x}\,e^x$;
g) $f(x) = x^e e^x$; **h)** $f(x) = e^x + \sin x$; **i)** $f(x) = e^x \sin x$.

12. Leite ab:

a) $f(x) = e^{-x}$; **b)** $f(x) = e^{2x}$; **c)** $f(x) = e^{x^2}$;
d) $f(x) = e^{\sqrt{x}}$; **e)** $f(x) = \sqrt{e^x}$; **f)** $f(x) = e^{\sin x + \cos x}$;
g) $f(x) = e^{-\frac{1}{2}x^2}$; **h)** $f(x) = \frac{1}{\sqrt[3]{e^x}}$; **i)** $f(x) = x^2e^{-\sqrt{x}}$.

13. Leite ab:

a) $f_u(v) = ue^v$; **b)** $f_v(u) = ue^v$; **c)** $g_u(v) = v^2e^{-u}$;
d) $g_v(u) = v^2e^{-u}$; **e)** $h_t(x) = e^{-tx^2}\sin t$; **f)** $h_x(t) = e^{-tx^2}\sin t$.

14. Leite ab:

a) $f(x) = 2^x$; **b)** $f(x) = 10^x$; **c)** $f(x) = \frac{1}{\ln 7} \cdot 7^x$;
d) $f(t) = t^2 \cdot 2^t$; **e)** $f(u) = 3^{-u} \cdot 2^u$; **f)** $f(ö) = 1914^{-ö} \cdot 1914^{ö}$;

Aufgaben zu 4.3

15. Diskutiere folgende Funktionen so weit, bis du den Graphen zeichnen kannst. Gib gegebenenfalls die Asymptoten an:

a) $f(x) = e^{-x}$; **b)** $f(x) = e \cdot e^{x}$; **c)** $f(x) = e + e^{x}$;
d) $f(x) = e^{x-2}$; **e)** $f(x) = e \cdot e^{x-1}$; **•f)** $f(x) = 2e^{2x-2} - 2$;

16. Diskutiere wie in Aufgabe **15**

a) $f(x) = e^{|x|}$; **b)** $f(x) = e^{-|x|}$;
c) $f(x) = e^{|x+1|}$; **d)** $f(x) = |e^{x} - 1|$;
e) $f(x) = e^{|x|} + e^{-|x|}$; **f)** $f(x) = |e - e^{|x|}|$.

An welchen Stellen ist f nicht differenzierbar?

17. Berechne und deute geometrisch:

a) $\int\limits_{0}^{1} e^{x}\,dx$; **b)** $\int\limits_{-1}^{1} e^{x}\,dx$;

c) $\int\limits_{-e}^{0} e^{t}\,dt$; **d)** $\int\limits_{-10}^{0} \tfrac{1}{2}e^{x}\,dx$;

e) $\int\limits_{0}^{1} e^{v+1}\,dv$; **f)** $\int\limits_{1}^{2} e^{|x|}\,dx$;

g) $\int\limits_{0}^{1} 2 \cdot b^{a}\,da$; $(b > 1)$ **h)** $\int\limits_{0}^{1} 2 \cdot b^{a}\,db$; $(a \in \mathbb{N})$

18. Zeige: $\int e^{-x}\,dx = -e^{-x} + C$ und berechne:

a) $\int\limits_{-1}^{1} e^{|x|}\,dx$; **b)** $\int\limits_{-2}^{0} e^{-|x|}\,dx$;

•c) $\int\limits_{-2}^{0} e^{|x+1|}\,dx$; **•d)** $\int\limits_{-7}^{7} \frac{|t|}{t}\,e^{|t|}\,dt$;

19. Bestimme x:

a) $\int\limits_{0}^{x} e^{t}\,dt = 1 - \frac{1}{e}$; **b)** $\int\limits_{0}^{-x} e^{s}\,ds = 1$;

c) $\int\limits_{x}^{1} e^{u+1}\,du = e^{2} - 1$; **•d)** $\int\limits_{x}^{x^2} e^{|t-1|}\,dt = 0$;

•e) $\int\limits_{-x}^{x} e^{z}\,dz = 0{,}5$;

Aufgaben zu 4.4

Diskutiere folgende Funktionen (Symmetrie, Nullstellen, Asymptoten, Extrem- und Wendepunkte):

20. $f(x) = e^{-x^2}$, $D_f = \mathbb{R}$ **21.** $f(x) = xe^{x}$, $D_f = \mathbb{R}$

22. $f(x) = x^2 e^{-x}$, $D_f = \mathbb{R}$ **23.** $f(x) = \tfrac{1}{2}(e^{x} - e^{-x})$, $D_f = \mathbb{R}$

•24. $f(x) = e^{\sqrt{x}}$, $D_{f\,max} = ?$ **•25.** $f(x) = e^{\sqrt{1-x^2}}$; $D_{f\,max} = ?$

●26. $f(x) = e^{\sqrt{x^2-1}}$; $D_{f\max} = ?$

●27. $f(x) = \sqrt{e^{1-x^2}}$ $D_{f\max} = ?$

28. $f(x) = \frac{e^x + e^{-x}}{e^x - e^{-x}}$ $D_{f\max} = ?$

29. $f(x) = x + e^{-x}$, $D_f = \mathbb{R}$

30. $f(x) = e^{\sin x}$, $D_f = \mathbb{R}$

●●31. $f(x) = e^{-x^2}$, $D_f = \mathbb{R}$

a) Ein Kurvenpunkt S von G_f ist die Spitze eines gleichschenkligen Dreiecks; von den beiden anderen Eckpunkten liegt der eine im Ursprung, der andere auf der x-Achse.
Bestimme S so, daß das Dreieck maximalen Flächeninhalt hat.

b) Bestimme den Punkt T auf G_f im ersten Quadranten, der dem Ursprung am nächsten liegt.

c) Bestimme den Radius eines Kreises um den Ursprung, der G_f berührt. (Beachte **b)**)

●32. $f(x) = e^{-x}$, $D_f = \mathbb{R}$

a) $B(b|f(b))$ im ersten Quadranten und der Ursprung sind die gegenüberliegenden Eckpunkte eines Rechtecks, von dem zwei Seiten in den Koordinatenachsen liegen.
Bestimme b so, daß der Inhalt der Rechtecksfläche maximal ist.
Wie groß ist dann der Inhalt der Fläche zwischen der oberen Rechteckseite und G_f?

b) Die Tangente t in einem Kurvenpunkt C im ersten Quadranten und die Koordinatenachsen begrenzen ein Dreieck.
Bestimme C so, daß der Inhalt dieses Dreiecks extremal ist.

●33. $f(x) = e^x$, $D_f = \mathbb{R}$

Ein Kurvenpunkt A und der Ursprung O legen die Gerade OA fest. Bestimme A so, daß der Winkel zwischen der positiven x-Achse und der Gerade OA minimal ist.

34. $f(x) = ae^{bx}$, $D_f = \mathbb{R}$

Bestimme a und b so, daß G_f durch die Punkte

a) $(0|2)$ und $(1|2e^{0,1})$

b) $(1|0{,}5)$ und $(2|0{,}25)$ geht.

●●35. $f(x) = e^{-x}$; $g(x) = 1 - e^{-x}$; $D_f = D_g = \mathbb{R}$

a) Zeichne die Graphen G_f und G_g im Bereich $[-1;3]$. ($1 \triangleq 2$cm)

b) Berechne Schnittpunkt und Schnittwinkel der beiden Graphen.

c) Zeige: G_g ist das Spiegelbild von G_f bei der Achsenspiegelung an $y = a$. Bestimme a.

d) Berechne den Inhalt der Fläche, die von der positiven x-Achse, der Geraden $x = 2$ und den beiden Graphen begrenzt ist.

●●36. $f(x) = \frac{x+1}{e^x}$; $g(x) = \frac{x+3}{e^x}$; $D_f = D_g = \mathbb{R}$

a) Zeichne G_f und G_g im Bereich $[-2;3]$.

b) Berechne den Inhalt der Fläche, die von der x-Achse, der Geraden $x = t$ $(t > -1)$ und den beiden Graphen begrenzt ist. Was ergibt sich für $t \to +\infty$?

4

●37. $f_a(x) = \frac{a}{2}(e^{x/a} + e^{-x/a})$, $D_{f_a} = \mathbb{R}$, $a > 0$

a) Bestimme den Tiefpunkt T in Abhängigkeit von a.

b) Zeichne G_{f_1}.

c) $P(p|f_a(p))$ liegt auf einer Scharkurve. Der Kreis um den Tiefpunkt T dieser Scharkurve mit dem Radius $f_a(p)$ schneidet die x-Achse in S.
Berechne die Länge $\overline{OS}$.

d) Zeige: Die Senkrechte zur Geraden TS durch P ist die Tangente in P.

e) Zeige: Das Flächenstück, das begrenzt wird von den Koordinatenachsen, der Geraden $x = p$ und G_{f_a}, hat denselben Inhalt wie das Rechteck mit den Seiten [OT] und [OS].

4

●38. $f_t(x) = (e^x - t)^2$; $D_{f_t} = \mathbb{R}$, $t > 0$

a) Berechne abhängig von t: Schnittpunkte der Graphen und der Koordinatenachsen, Asymptoten, Tief- und Wendepunkte.

b) Zeichne G_{f_2} im Bereich $[-4; 1{,}5]$ $(1 \mathrel{\hat{=}} 2\,\text{cm})$

c) Berechne die Koordinaten des Schnittpunkts S von G_{f_t} und der zugehörigen Asymptote.
Auf welcher Kurve liegen diese Schnittpunkte?

d) G_{f_t}, die zugehörige Asymptote und die Gerade $x = -u$ $(u > 0)$ umschließen ein Flächenstück.
Berechne dessen Inhalt. Was ergibt sich für $u \to +\infty$?

e) Zeige, daß sich je zwei Graphen der Schar in genau einem Punkt P schneiden. Wann liegt P auf der y-Achse?

Aufgaben zu 4.5

39. $f(x) = e^x$
$g(x) = 1 + x$ $\quad D_f = D_g = \mathbb{R}$

a) Berechne die Funktionswerte von f und g für

$$x \in \{0;\ \pm 1;\ \pm \tfrac{1}{2};\ \pm \tfrac{1}{10};\ \tfrac{\pm 1}{100}\}$$

b) Unter dem **relativen Fehler** φ verstehen wir den Quotienten aus dem Betrag der Differenz der Werte und dem wahren Wert, hier:

$$\frac{|f(x) - g(x)|}{|f(x)|} =: \varphi(x)$$

Berechne $\varphi(x)$ für die Werte von Aufgabe **a)** und skizziere G_φ.

c) Berechne $f'(x)$ und $g'(x)$ für die Werte x von **a)**.

d) Berechne:

$$\int_0^1 f(x)\,dx\,; \qquad \int_0^1 g(x)\,dx\,;$$

$$\int_{-0,5}^{0,5} f(x)\,dx\,; \qquad \int_{-0,5}^{0,5} g(x)\,dx\,;$$

40. $f(x) = e^x$
$g(x) = \frac{1}{2}x^2 + x + 1$ $\quad D_f = D_g = \mathbb{R}$
Bearbeite wie Aufgabe **39**.

41. a) Untersuche die Monotonie von $d\colon x \mapsto e^x - (1 + x)$ und beweise, daß gilt:

$$e^x \geqq 1 + x, \quad x \in \mathbb{R}\,.$$

b) Zeige damit:

$$1 + x \leqq e^x \leqq \frac{1}{1 - x} \quad \text{für } x < 1$$

Hinweis: Ersetze x durch $-x$ und denke nach.

42. $f(x) = xe^x$
$g(x) = ax^2 + bx + c$ $\quad D_f = D_g = \mathbb{R}$
Bestimme a, b und c so, daß die Funktionswerte und die ersten beiden Ableitungen von f und g an der Stelle
a) $x = 0$; **b)** $x = 1$; **c)** $x = -1$
übereinstimmen. Skizziere die Graphen.

•43. $f(x) = e^{-x^2}$
$g(x) = ax^2 + bx + c$ $\quad D_f = D_g = \mathbb{R}$
Gehe wie in Aufgabe **42.** vor.
Welche besondere Lage hat die Gerade $y = bx + c$ zu G_f.

44. $e^x \approx \sum_{k=0}^{n} \frac{1}{k!} x^k$

Berechne mit dem Taschenrechner und dieser Formel Näherungswerte für

a) e falls $n \in \{1, 2, 3, 4, 5\}$

b) $\frac{1}{e}$ falls $n \in \{1, 2, 3, 4, 5\}$

c) $\sqrt{e}$ falls $n \in \{1, 2, 3, 4, 5\}$

d) Berechne jeweils den relativen Fehler φ, siehe Aufgabe **39**.

Aufgaben zu 4.6

45. In **Beispiel 1** auf Seite 92 wird das Wachstum einer Lotuspflanze beschrieben.
Welchen Bruchteil des Teichs bedeckt sie am

a) 14. April um 24 Uhr?

b) 5. April um 12 Uhr?

c) 1. April um 17 Uhr?

•46. Wieviel Prozent der Teichoberfläche ist für die Ente zum Zeitpunkt der Aufnahme von Bild 79 noch frei?

47. Auf der Erde lebten 1930 etwa $2{,}015 \cdot 10^9$ und 1960 etwa $3{,}010 \cdot 10^9$ Menschen. Das Wachstum der Erdbevölkerung sei beschrieben durch

$$n(t) = ae^{bt}.$$

Dabei bedeuten: t die Jahreszahl, n(t) die Anzahl der Menschen im Jahr t

a) Berechne a und b.

b) Wie viele Menschen hätten demnach 1950 gelebt?
Eine derartige Berechnung heißt Interpolation. (Tatsächlicher Wert $2{,}509 \cdot 10^9$)

c) Wie viele Menschen hätten demnach 1975 gelebt? Eine solche Berechnung heißt Extrapolation. (Tatsächlicher Wert $3{,}967 \cdot 10^9$).

d) Welche Werte liefert die (sehr gewagte!) Extrapolation auf die Jahre 0, 2000 und 5000?

e) Wann haben nach unserem Modell zwei Milliarden, eine Milliarde bzw. zwei Menschen (Adam und Eva) gelebt? Wann wird die 5-Milliarden-Grenze erreicht?

f) In welchem Zeitraum verdoppelt sich jeweils die Bevölkerung?

•48. Eine Kaninchenpopulation vermehre sich während eines Jahres auf das 15fache. An Neujahr 1980 hat Anan in seinem Garten ein Kaninchenpaar ausgesetzt.

a) Beschreibe die Vermehrung der Kaninchen mit einer e-Funktion.

b) Wie viele Kaninchen beherbergt der Garten Anans im Jahr 2000?

c) 1970 lebten 60,651 Millionen Bundesbürger. Wann wird Anan ebenso viele Kaninchen haben?

d) In welchem Jahr hat jeder Weltbürger genau ein Kaninchen von Anan? (Vergleiche Aufgabe **47**).

:49. Der letzte König von Lydien, Krösus, legte 550 v. Chr. eine Drachme auf die Weltbank; diese sei mit 10% Jahreszins verzinst worden. Über wie viele Drachmen verfügen seine Nachkommen im Jahr 333 v. Chr., zu Christi Geburt und im Jahr 1939, wenn die Weltbank

a) als »Ganzjahresbank« arbeitet

b) stetig verzinst?

•50. Wann werden Krösus' Erben (siehe Aufgabe **49**) genau eine Million Drachmen auf der Bank haben? (Unterscheide die Fälle **a)** und **b)**)

51. Auf welchen Betrag wachsen 1000 DM in 10 Jahren (20 Jahren) an, wenn

a) jährlich

b) stetig verzinst wird zu 8%?

52. Anan braucht in 10 Jahren 100000 DM. Wieviel Geld muß er heute zur Bank bringen, wenn diese 6% Zinsen gibt und

a) jährlich, **b)** monatlich, **c)** täglich, **d)** stetig verzinst?

53. In welcher Zeit verdoppelt (verzehnfacht) sich ein Kapital bei einem Zinssatz von 5%, falls

a) jährlich

b) stetig verzinst wird?

54. Harte β-Strahlen werden zu 80% in einer 1 mm dicken Aluminiumschicht absorbiert.

a) Bei welcher Schichtdicke werden 50% absorbiert?

b) Bei welcher Schichtdicke dringt noch 1% hindurch?

c) Welcher Anteil der Strahlung wird von einer 0,5 mm starken Alufolie verschluckt?

55. Uran hat eine Halbwertszeit von $4{,}5 \cdot 10^9$ Jahren, das heißt nach dieser Zeit ist die Hälfte der ursprünglich vorhandenen Uranmenge zerfallen.

a) Wieviel Prozent einer Uranmenge sind nach 10^{10}, 10^9, 10^6 und 10^3 noch vorhanden?

b) Wie lange dauert es, bis 90% zerfallen sind?

56. Radium hat eine Halbwertszeit von 1590 Jahren.

a) Wieviel zerfällt von 10 g Radium in 2000 Jahren?

b) Wie lange muß man warten, bis nur noch 0,1 g von den 10 g übrig sind?

5. Kapitel:

Die Ableitung der Umkehrfunktion

5.1 Wann ist eine Funktion umkehrbar?

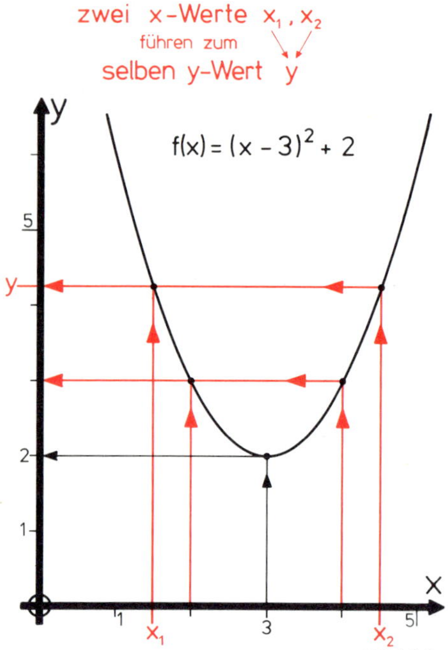

Bild 84

Wir haben einer Zuordnung den Ehrentitel Funktion verliehen, wenn jeder Zahl einer Definitionsmenge **genau eine** Zahl zugeordnet wird; die zugeordneten Zahlen bilden die Wertemenge. Dabei kann es vorkommen, daß zwei oder mehreren Zahlen der Definitionsmenge ein und dieselbe Zahl der Wertemenge zugeordnet wird. So ordnet zum Beispiel die Funktion: f: $x \mapsto (x-3)^2+2$, $D_f = \mathbb{R}$ je zwei Zahlen der Definitionsmenge dieselbe Zahl der Wertemenge $W_f = [2; +\infty[$ zu; die Ausnahme ist die 3, sie hat als einzige Zahl den Funktionswert 2 (Bild 84). Ja, es kommt sogar vor, daß mehr als zwei Zahlen der Definitionsmenge ein und denselben Funktionswert haben, wie beispielsweise bei g: $x \mapsto \sin x + 2$, $D_g = \mathbb{R}$; alle x-Werte der Form $k\pi$, $k \in \mathbb{Z}$ haben den Funktionswert 2 (Bild 85).

Kehren wir eine solche Zuordnung um, so gibt es in der Menge W^f y-Werte, denen mehr als ein x-Wert aus der Menge D_f zugeordnet ist; diese umgekehrte Zuordnung ist somit nicht eindeutig, ist also keine Funktion.

In diesem Kapitel interessieren wir uns nur für Funktionen, bei denen auch die umgekehrte Zuordnung eindeutig ist. Solche Funktionen heißen **eineindeutig** (im Fachjargon: **injektiv**).

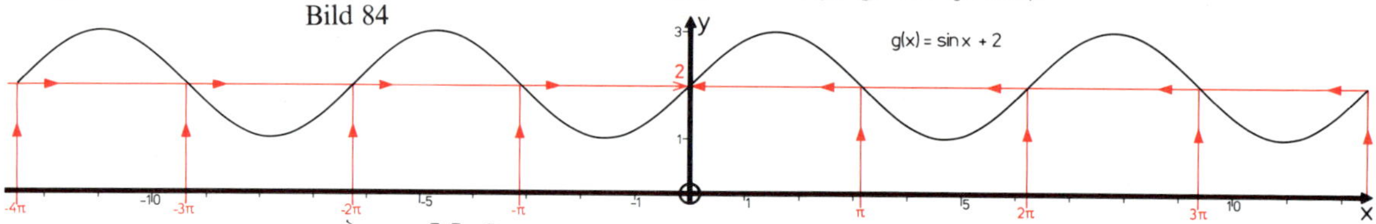

Bild 85

Merke:

> Eine Funktion ist genau dann umkehrbar,
> wenn sie eineindeutig ist.

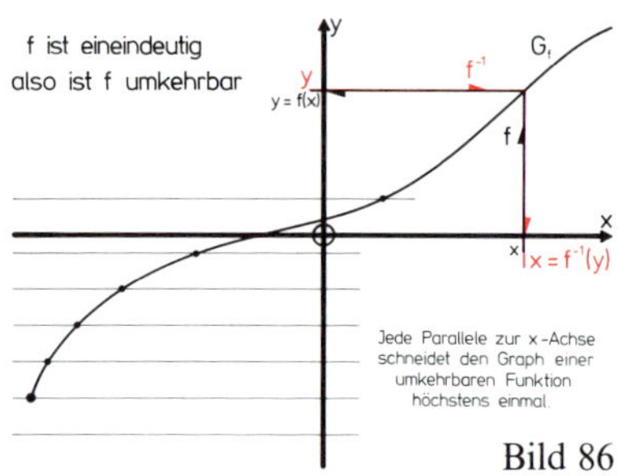

Bild 86

Die umgekehrte Zuordnung einer umkehrbaren Funktion f nennen wir **Umkehrfunktion** und bezeichnen sie mit f^{-1} (Bild 86).

Ein besonders einfacher Typ injektiver Funktionen ist die echt monotone Funktion. Es gilt der

Satz:

> Jede echt monotone Funktion ist umkehrbar.

Dieser Satz selbst ist aber nicht umkehrbar, es gilt **nicht** der Satz: »Jede umkehrbare Funktion ist echt monoton«, wie folgendes Gegenbeispiel zeigt:

Die Funktion h: $x \mapsto \frac{1}{x}$; $D_h = \mathbb{R} \setminus \{0\}$ ist zwar umkehrbar. Ihre Umkehrfunktion ist

$$h^{-1}: y \mapsto \frac{1}{y}; \quad D_{h^{-1}} = \mathbb{R} \setminus \{0\}.$$

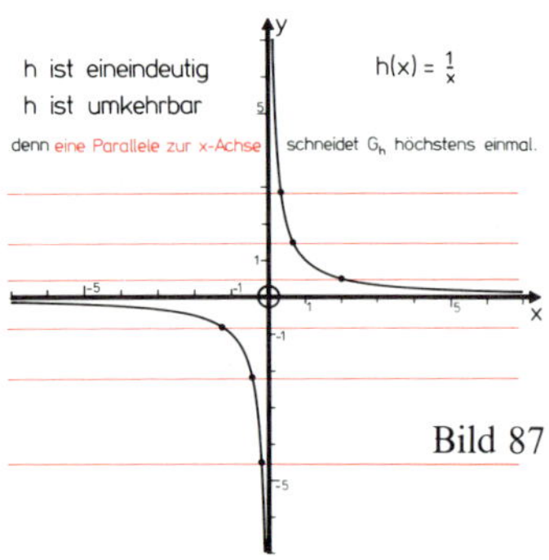

Bild 87

Trotzdem ist h nicht monoton, wie Bild 87 zeigt: z. B. gilt $f(-1) < f(1)$ aber auch $f(1) > f(2)$.

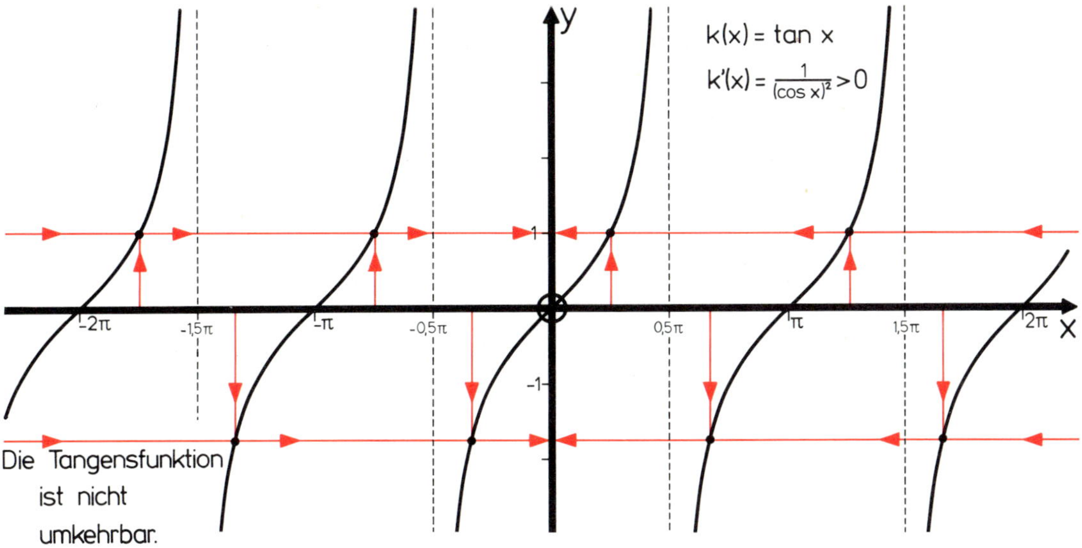

Bild 88

Selbst eine Funktion mit positiver Ableitung muß noch lange nicht umkehrbar sein (Bild 88). Die gezeigte Funktion ist trotz positiver Ableitung nicht umkehrbar, weil die Definitionsmenge nicht zusammenhängt. Ist dagegen die Definitionsmenge ein Intervall, also zusammenhängend, so steigt jede Funktion mit positiver Ableitung echt monoton und ist damit umkehrbar.

Bevor wir die Ableitung einer Umkehrfunktion bestimmen, wiederholen wir an einem Beispiel, wie wir von einer Funktion f die Umkehrfunktion f^{-1} ermitteln:

$$f\colon x \mapsto \sqrt{2-x};\; D_f =]-\infty;2];\; W_f = \mathbb{R}_0^+$$

f steigt echt monoton, ist also umkehrbar.

- **Funktionsgleichung anschreiben:** $y = \sqrt{2-x}$
- **nach x auflösen:** $x = 2 - y^2$
- **Umkehrfunktionen mit y als unabhängiger Variablen:**

$$f^{-1}\colon y \mapsto 2 - y^2;\; D_{f^{-1}} = W_f = R_0^+;\; W_{f^{-1}} = D_f =]-\infty;2]$$

Noch werden die Graphen von f und f^{-1} durch dieselbe Punktmenge dargestellt, nur die Zuordnungsrichtung ist bei f^{-1} umgekehrt (Bild 89); die unabhängige Variable ist nach oben, die abhängige Variable ist nach rechts angetragen.

- **an der Winkelhalbierenden $y = x$ spiegeln, also vertauschen von x und y:**

$$f^{-1}\colon x \mapsto 2 - x^2;\; D_{f^{-1}} = W_f = \mathbb{R}_0^+;\; W_{f^{-1}} = D_f =]-\infty;2]$$

Jetzt ist wieder x die unabhängige Variable. $G_{f^{-1}}$ ist das Spiegelbild von G_f bezüglich der Achse $y = x$ (Bild 90), wenn wir wieder wie üblich die unabhängige Variable nach rechts abtragen.

Der letzte Schritt hat mit dem Problem, eine Funktion umzukehren, eigentlich überhaupt nichts zu tun. Man vertauscht die Variablen nur deshalb, weil man gewohnt ist, die unabhängige Variable x zu nennen und sie nach rechts abzutragen.

Bild 89

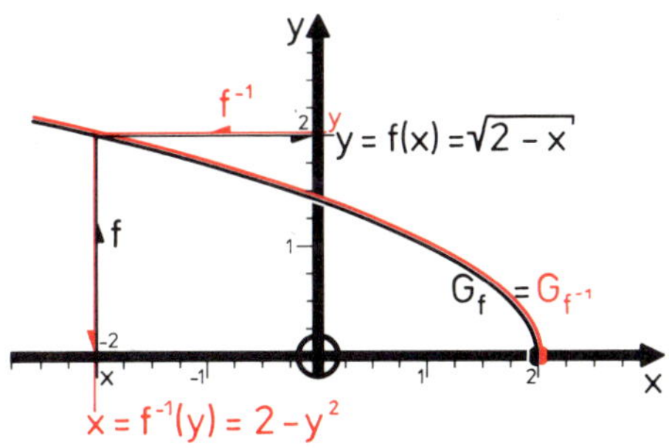

Bild 90

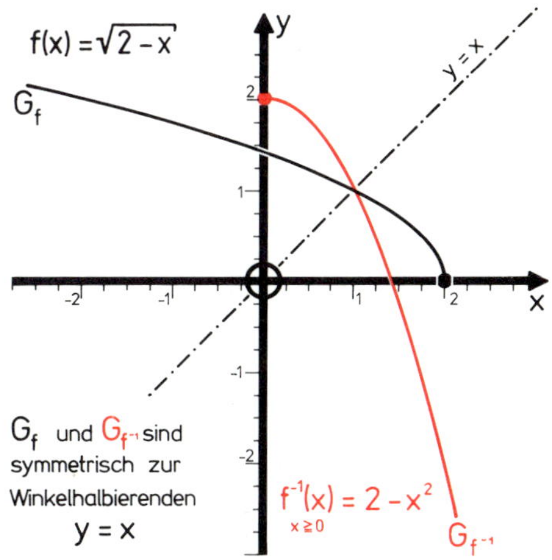

Auf die Bezeichnung der Variablen kommt es bei einer Funktion ja sowieso nicht an; die Variablen könnten auch ganz anders heißen, zum Beispiel t oder v oder ö. So wäre es in unserem Beispiel auch richtig zu schreiben:

$$f^{-1}\colon ö \mapsto 2 - ö^2;\ D_{f^{-1}} = \mathbb{R}_0^+ .$$

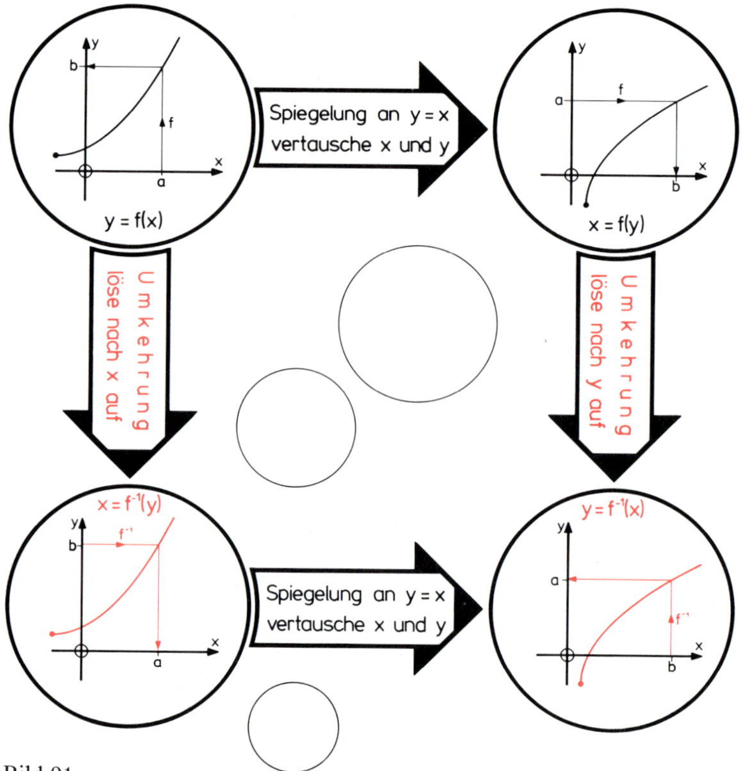

Bild 91

5.2 Zusammenhang zwischen der Ableitung einer Funktion und der Ableitung ihrer Umkehrfunktion

Wir haben früher gesehen **(ANAN 1,** Kapitel **3.4)**, daß ein enger Zusammenhang besteht zwischen der Differenzierbarkeit einer Funktion f an der Stelle a und der Existenz einer Tangente von G_f im Punkt $(a|b)$. Die Tangentensteigung in diesem Punkt ist die Ableitung $f'(a)$.

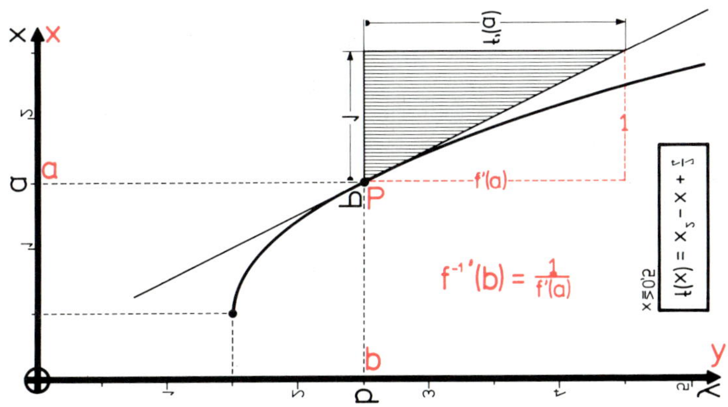

Bild 92

Das beim Spiegeln an $y = x$ entstehende Bild 92 sehen wir auch, wenn wir das ursprüngliche Bild 93 um 90° gedreht von hinten, also durchs Papier hindurch, anschauen. Die Tangente von G_f im Punkt $(a|b)$ bleibt beim Spiegeln Tangente (an $G_{f^{-1}}$ im Punkt $(b|a)$!). Deshalb ist es anschaulich klar, daß die Umkehrfunktion f^{-1} bei b differenzierbar ist, wenn f bei a differenzierbar ist. Wie Bild 92 zeigt, ist die Steigung der gespiegelten Tangente $\frac{1}{f'(a)}$. Also gilt

$$(f^{-1})'(b) = \frac{1}{f'(a)}. \quad \text{Vergiß nicht: } b = f(a), \; a = f^{-1}(b).$$

Links steht eine Funktion von b. Damit auf der rechten Seite auch eine Funktion von b steht, schreiben wir

$$(f^{-1})'(b) = \frac{1}{f'\left(f^{-1}(b)\right)}.$$

Diese Formel ist bei waagrechten Tangenten nicht anwendbar. Dann ist nämlich die gespiegelte Tangente senkrecht, und deren Steigung ist nicht definiert.

Dazu nun ein Beispiel:

$$f\colon x \mapsto (x - \tfrac{1}{2})^2 + \tfrac{3}{2}; \quad D_f = [\tfrac{1}{2}; +\infty[;$$

$$P(\tfrac{3}{2}|\tfrac{5}{2}) \in G_f$$

$$f'\colon x \mapsto 2x - 1;$$

$$(f^{-1})'(\tfrac{5}{2}) = \frac{1}{f'(\frac{3}{2})} = \frac{1}{2 \cdot \frac{3}{2} - 1} = \frac{1}{2}; \qquad \text{(siehe Bild 93 und 92).}$$

Bild 93

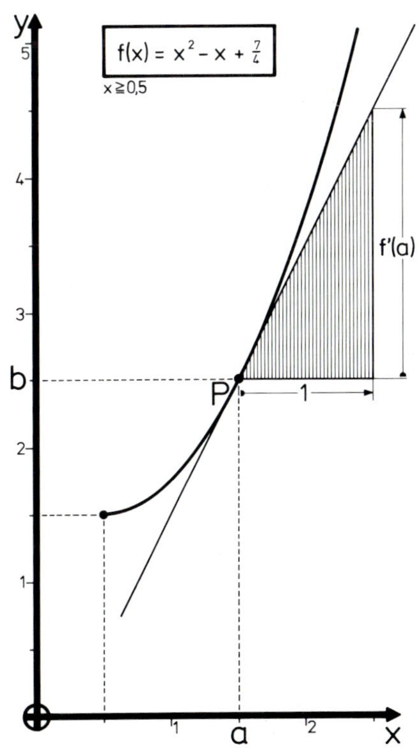

Gewöhnlich interessieren wir uns nicht nur für einzelne Werte der Ableitung, sondern für die Ableitungsfunktion von f^{-1}. Hat f′ keine Nullstellen (G_f hat keine waagrechte Tangente!), so gilt:

$$(f^{-1})'(x) = \frac{1}{f'\left(f^{-1}(x)\right)}$$

Anmerkung: Natürlich könnte die Variable ebensogut y heißen. Noch besser wäre die Schreibweise ohne Variable:

$$(f^{-1})' = \frac{1}{f' \circ f^{-1}}$$

Machen wir uns in einem Beispiel jene Schritte klar, die zur Ableitung der Umkehrfunktion führen; wir verwenden die Funktion, deren Graph in Bild 93 wiedergegeben ist.

1 Term der Ausgangsfunktion f:

$f(x) = (x - \frac{1}{2})^2 + \frac{3}{2}$; $D_f = [\frac{1}{2}; +\infty[$, $W_f = [\frac{3}{2}; +\infty[$.

Aus $y = (x - \frac{1}{2})^2 + \frac{3}{2}$ und $x \in D_f$ folgt $x = \sqrt{y - \frac{3}{2}} + \frac{1}{2}$.

2 Term der Umkehrfunktion f^{-1}.

$f^{-1}(x) = \sqrt{x - \frac{3}{2}} + \frac{1}{2}$; $D_{f^{-1}} = [\frac{3}{2}; +\infty[$.

3 Term der ersten Ableitung f′:

$f'(x) = 2x - 1$.

4 Term der Verkettung $f' \circ f^{-1}$:

$$f'\left(f^{-1}(x)\right) = f'\left(\sqrt{x - \tfrac{3}{2}} + \tfrac{1}{2}\right) =$$
$$= 2\left(\sqrt{x - \tfrac{3}{2}} + \tfrac{1}{2}\right) - 1 = 2\sqrt{x - \tfrac{3}{2}}.$$

5 Term der ersten Ableitung der Umkehrfunktion $(f^{-1})'$:

$$(f^{-1})'(x) = \frac{1}{f'\left(f^{-1}(x)\right)} = \frac{1}{2\sqrt{x - \frac{3}{2}}}.$$

Freilich hätten wir in diesem Beispiel f^{-1} auch unmittelbar ableiten können; ohne die drei Haken zu schlagen hätten wir für die Ableitung unserer Wurzelfunktion nach dem Motto »eins durch zweimal die Wurzel« gleich schreiben können

$$(f^{-1})'(x) = \frac{1}{2\sqrt{x - \frac{3}{2}}}.$$

Führt also die neue Formel nur über Umwege zum Ziel? Wozu taugt sie eigentlich?
Manchmal kommt es vor, daß man die Ableitung von f^{-1} nicht unmittelbar bilden kann, während man f′ auf Anhieb findet. Hier bietet unsere Formel einen rettenden Ausweg, wie wir schon im nächsten Kapitel sehen werden.

Aufgaben zu 5.1

1. Bestimme f^{-1}. (Vergiß $D_{f^{-1}}$ nicht!)

a) $f(x) = -2x + 5, \quad D_f = \mathbb{R}$;
b) $f(x) = \sqrt{3}x - 2\sqrt{3}, \quad D_f = [-2; 2[$;
c) $f(x) = x^3 - 1, \quad D_f = \mathbb{R}$;
d) $f(x) = (x-1)^3, \quad D_f = \mathbb{R}_0^+$;
e) $f(x) = \sqrt{x-2}, \quad D_{f\,max}$;
f) $f(x) = x^2 - 2x, \quad D_f =]-\infty; 1]$;
g) $f(x) = x^2 - 2x, \quad D_f = [1; +\infty[$;
h) $f(x) = \frac{2x}{2+x}, \quad D_{f\,max}$;
● **i)** $f(x) = \begin{cases} 2x - 1, & x \in [0; 1]; \\ x^2, & x \in]1; +\infty[; \end{cases}$
●● **j)** $f(x) = \begin{cases} x(2-x), & -\infty < x < 1; \\ 3 - x, & 1 \leqq x \leqq 2; \end{cases}$

2. Bestimme möglichst große Teilmengen von $D_{f\,max}$ so, daß die Einschränkung von f dort umkehrbar ist. Gib jeweils die Umkehrfunktionen an.

a) $f(x) = x^2$;
b) $f(x) = -x^2 + 4x$;
● **c)** $f(x) = 3x^2 - x + \frac{1}{12}$;
● **d)** $f(x) = \frac{1}{1+x^2}$;
● **e)** $f(x) = x - \sqrt{x}$;

3. f und g steigen echt monoton auf $[a; b]$. Sind

a) $f + g$; **b)** $f - g$; **c)** $f \cdot g$; **d)** $f \circ g$.

auf $[a; b]$ umkehrbar?

4. Beschreibe $G_{f^{-1}}$, wenn man weiß:

a) G_f steigt auf $[a; b]$ echt monoton und liegt über der x-Achse.
b) G_f fällt auf $[a; b]$ echt monoton und liegt unter der x-Achse.
c) G_f fällt auf $[a; b]$ echt monoton im 2. Quadranten.

Aufgaben zu 5.2

5. f sei umkehrbar und habe in $P(a|b) \in G_f$ die Ableitung m. In welchem Punkt von $G_{f^{-1}}$ kennt man dann die Ableitung von f^{-1}?, wie groß ist sie?

a) $P(2|3), \quad m = 5$; **b)** $P(-2|0), \quad m = -\frac{1}{3}$;
c) $P(-\pi|-\pi), \quad m = -\pi$; **d)** $P(0|0), \quad m = 1$;
e) $P(1789|1848), \quad m = 1917$; **f)** $P\left(e\middle|-\frac{1}{e}\right), \quad m = 0$;

5

6. Berechne f^{-1} und dann auf zwei Arten $(f^{-1})'(a)$:

a) $f(x) = \frac{1}{2}x - 3,\ D_f = \mathbb{R},\ a = 4$;

b) $f(x) = \sqrt{x},\ D_{f\,max},\ a \in \{1; 10; 0\}$;

c) $f(x) = (x-1)^2 - 1,\ D_f = [1; +\infty[,\ a \in \{2; \frac{4}{3}; 1\}$;

d) $f(x) = \dfrac{x+1}{x-1},\ D_{f\,max},\ a \in \{-1; 0; 1648\}$;

7. Berechne $(f^{-1})'(x)$ auf zwei Arten:

a) $f(x) = 3x + 2,\ D_{f\,max}$;

b) $f(x) = \dfrac{1}{x},\ D_{f\,max}$;

• **c)** $f(x) = 1 + \sqrt{-x}$; $D_{f\,max}$

8. Berechne $(f^{-1})'(x)$, ohne f^{-1} abzuleiten:

a) $f(x) = -\frac{2}{3}x + \frac{3}{2},\quad D_{f\,max}$;

• **b)** $f(x) = 2(x+1)^2,\quad D_f = \mathbb{R}_0^+$;

• **c)** $f(x) = -\frac{1}{2}\sqrt{2-x},\quad D_{f\,max}$;

•• 9. Berechne $(f^{-1})'(a)$:

a) $f(x) = 3x^2 - x^3,\ x \geqq 3,\ a = -16$;

b) $f(x) = \sqrt{x} - x^2,\ x \geqq 1,\ a = -14$;

c) $f(x) = e^{-x^2},\ D_f = \mathbb{R}^-,\quad a = \dfrac{1}{e}$;

d) $f(x) = \sin x,\ D_f = \left[0; \dfrac{\pi}{2}\right],\ a = 0{,}5$;

•• **10.** $y = 2x - 1$ ist Tangente im Punkt $P(3|p)$ von G_f.
Wie heißt die Gleichung der entsprechenden Tangente von $G_{f^{-1}}$?
Gib den Berührpunkt an.

•• **11.** $f(x) = -x^2 + 4,\ D_f = \mathbb{R}_0^+$

a) Berechne $\int_0^2 f(x)\,dx$;

b) Welches Integral $\int_a^b f^{-1}(t)\,dt$ berechnet den Inhalt desselben Flächenstücks?

•• **12.** Berechne $\int_0^2 \sqrt{x}\,dx$ mit Hilfe eines geeigneten Integrals über die Umkehrfunktion. (Skizze hilft beim Überlegen)

•• **13.** Berechne $\int_1^2 \sqrt{x}\,dx$ analog zu Aufgabe **12**.

6. Kapitel:

Die Logarithmusfunktion

6.1 Die Umkehrung der e-Funktion

Die e-Funktion $\exp\colon x \mapsto e^x$; $D_{\exp} = \mathbb{R}$; $W_{\exp} = \mathbb{R}^+$, wächst echt monoton; deshalb ist sie eineindeutig und damit umkehrbar. Ihre Umkehrfunktion heißt natürlicher Logarithmus und wird mit ln bezeichnet:

Bild 94

$$\ln\colon x \mapsto \ln x;\; D_{\ln} = \mathbb{R}^+;\; W_{\ln} = \mathbb{R}.$$

Auch sie wächst echt monoton.

$$\exp^{-1} = \ln$$
$$\ln^{-1} = \exp$$

Wir erinnern uns: Der Graph der Umkehrfunktion ln entsteht aus dem Graphen der e-Funktion durch Spiegelung an der Geraden $y = x$, wenn x jedesmal die unabhängige Variable ist (Bild 95). Die x-Achse ist waagrechte Asymptote des Graphen der e-Funktion:

$$\lim_{x \to -\infty} e^x = 0$$

Deshalb ist ihr Spiegelbild, die y-Achse, senkrechte Asymptote des Graphen der ln-Funktion:

$$\lim_{x \to 0} \ln x = -\infty$$

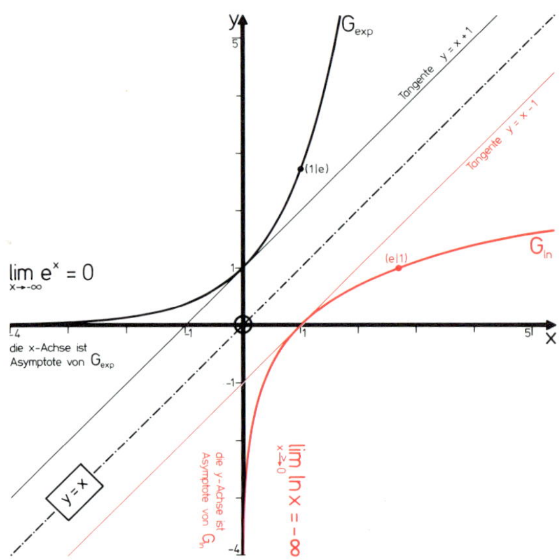

Bild 95

Der Graph der e-Funktion hat nur einen einzigen Achsenpunkt: $(0|1)$. Sein Spiegelbild $(1|0)$ liefert die einzige Nullstelle der ln-Funktion bei 1.

$$\ln x = 0 \Leftrightarrow x = 1$$

Auf der anderen Seite gilt: $\lim\limits_{x \to +\infty} e^x = +\infty$ und daher auch

$$\lim_{x \to +\infty} \ln x = +\infty$$

Die Werte der ln-Funktion sind also beliebig groß, wenn nur ihre Argumente hinreichend groß sind. Dabei wächst sie allerdings unschlagbar langsam. Ein Beispiel soll dies illustrieren:
Auf ein DIN-A4-Blatt im Hochformat zeichnen wir in ein Koordinatensystem mit der Längeneinheit 1 cm den Graphen der ln-Funktion. Am rechten Blattrand bei $x = 20$ liegt er wegen $\ln 20 = 3{,}0$ auch 3 cm über der x-Achse. Nun denken wir uns die x-Achse um die Erde herumgewickelt. Nach jeweils 40 000 km überdeckt sie dann wieder den Ursprung. Auch den Graphen zeichnen wir in Gedanken entsprechend weiter. Preisfrage: Wo schneidet der Graph nach einer Erdumrundung die y-Achse (Bild 96)?
Den Schnittpunkt auf der y-Achse bringen wir noch leicht auf unserem Blatt unter, denn wegen $\ln 4\,000\,000\,000 = 22{,}1$ liegt er nur 22 cm über der x-Achse.
Nach der zweiten Erdumrundung verläuft der Graph dann durch den Punkt $(0|22{,}8)$ (in Worten: Zweiundzwanzigkommaacht). Schon nach der ersten Erdumschlingung ist der Graph so gut wie waagrecht. (Bild 97)

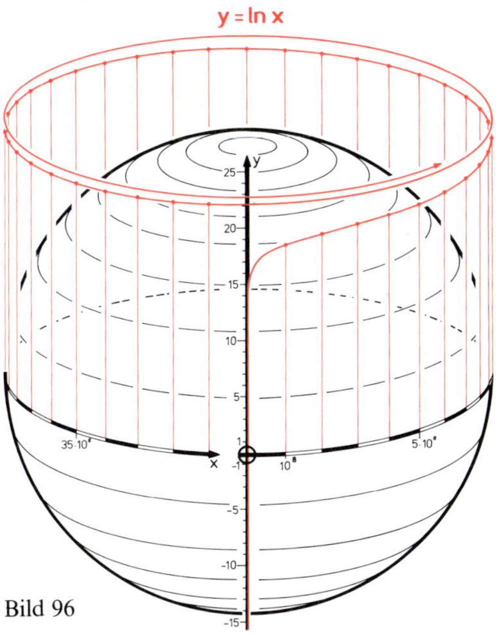

Bild 96

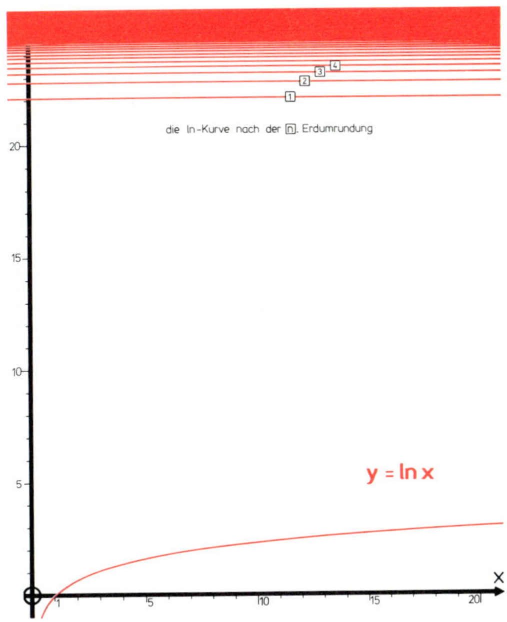

Bild 97

Jetzt fehlt uns nur noch die Ableitung der ln-Funktion. Eigentlich müßten wir dazu den Grenzwert $\lim_{h \to 0} \frac{\ln(x+h) - \ln x}{h}$ bestimmen. Zwar läßt sich der Term noch etwas umformen zu

$$\frac{\ln \frac{x+h}{x}}{h} = \frac{\ln\left(1 + \frac{h}{x}\right)}{h},$$

doch den Grenzwert schaffen wir nicht.
Weil die Tangente einen Graphen nahe am Berührpunkt gut ersetzt, suchen wir die Tangente des Graphen der ln-Funktion im Punkt $(1|0)$. Sie hat, siehe Bild 95, die Gleichung $y = x - 1$. Also gilt für $h \ll 1$:

$$\frac{\ln\left(1 + \frac{h}{x}\right)}{h} \approx \frac{1 + \frac{h}{x} - 1}{h} = \frac{1}{x}.$$

Die Näherung $\ln x \approx x - 1$ gilt nämlich für $x \approx 1$. Ersetzen wir das Argument x durch $1 + \frac{h}{x}$, so ist $\ln\left(1 + \frac{h}{x}\right) \approx 1 + \frac{h}{x} - 1$ für $|h| \ll 1$. Diese Näherung ist gut, weil dabei $1 + \frac{h}{x} \approx 1$ ist.

Das Ergebnis, $\frac{d}{dx} \ln x = \frac{1}{x}$, ist zwar recht schnell gefunden, wurde aber mit höchst fragwürdigen Methoden gewonnen. Deshalb packen wir es nun ganz anders an:
Im letzten Kapitel haben wir die Ableitung einer Umkehrfunktion f^{-1} aus der Ableitung der Funktion f bestimmt. Mit $f = \exp$ und $f^{-1} = \ln$ ergibt sich wie von selbst:

$$f(x) = e^x; \; f^{-1}(x) = \ln x;$$
$$f'(x) = e^x;$$
$$f'\left(f^{-1}(x)\right) = e^{\ln x} = x;$$

nach der Formel für die Ableitung der Umkehrfunktion (Seite 112) gilt

$$(f^{-1})'(x) = \frac{1}{f'\left(f^{-1}(x)\right)} = \frac{1}{x}.$$

Also gilt doch:

$$\frac{d}{dx} \ln x = \frac{1}{x} \quad \text{für} \quad x \in \mathbb{R}^+$$

Neben dem Logarithmus zur Basis e, dem natürlichen Logarithmus, werden auch Logarithmen zu anderen Basen verwendet. Die Logarithmusfunktion zur Basis $b \, (b > 0, b \neq 1)$ bezeichnet man mit $\log_b$.

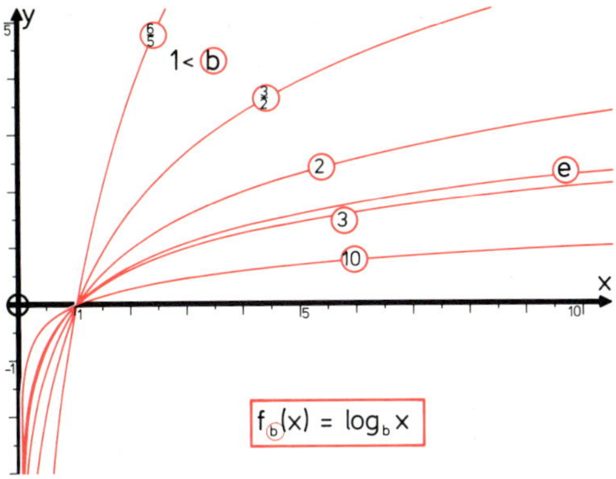

Bild 98

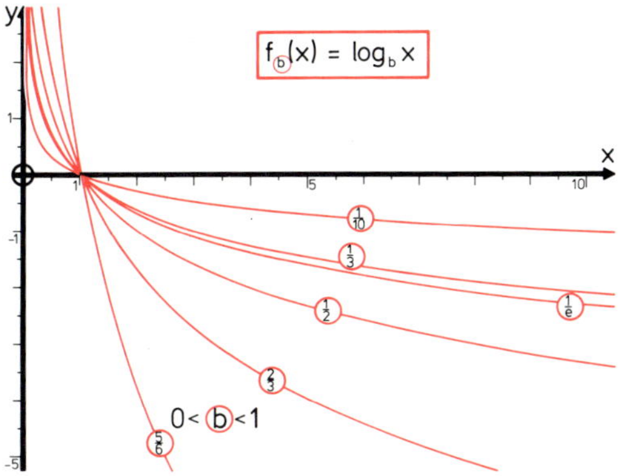

Bild 99

Durch $x \mapsto \log_b x$; $D = \mathbb{R}^+$ ist die Schar der logarithmischen Funktionen gegeben (vgl. Bild 98/99). Dabei ist $x \mapsto \log_b x$ die Umkehrfunktion zu $x \mapsto b^x$.
Besonders beliebt sind die Basen 2 und 10. Die Logarithmen zu diesen Basen haben deshalb auch eigene Namen erhalten:

Dekadischer Logarithmus

$$\log_{10} x = \lg x \quad \text{und}$$

Binärer Logarithmus oder auch **Duallogarithmus**

$$\log_2 x = \operatorname{lb} x = \operatorname{ld} x\,.$$

Wir differenzieren zum Schluß noch die Logarithmusfunktion zur Basis b

$$f(x) = \log_b x\,.$$

Es fällt uns leichter, die Ableitung zu bilden, wenn wir uns erinnern, daß man Logarithmen von einer Basis zur anderen umrechnen kann. Wir schreiben deshalb den Logarithmus zur Basis b in den Logarithmus zur Basis e um, den wir ja schon differenzieren können.
Mit $y = \log_b x$ gilt auch $b^y = x$. Wir logarithmieren diese Gleichung zur Basis e, also $y \cdot \ln b = \ln x$ und damit $y = \frac{\ln x}{\ln b}$. Unsere Funktionsgleichung heißt jetzt also $f(x) = \frac{\ln x}{\ln b}$. Die Ableitung nach x ist nicht mehr schwierig: $f'(x) = \frac{1}{\ln b} \cdot \frac{1}{x}$.

Wir merken uns

$$\boxed{\frac{d}{dx} \log_b x = \frac{1}{x \cdot \ln b}}$$

6.2 Eine Kurvendiskussion mit der ln-Funktion

Die Diskussion der ln-Funktion ist recht anspruchslos. Erst die Verknüpfung mit anderen Funktionen führt zu interessanten Graphen. Die Eigenschaften der ln-Funktion ermöglichen es oft, den gegebenen Term einfacher zu schreiben. Wir schreiben einige Vereinfachungsmöglichkeiten zusammen:

$$\left.\begin{aligned} \ln ax &= \ln a + \ln x \\ \ln \frac{a}{x} &= \ln a - \ln x \end{aligned}\right\} \text{ für } a,\ x \in \mathbb{R}^+$$

$$\ln x^a = a \cdot \ln x \qquad \text{für } x \in \mathbb{R}^+$$

$$\ln x^2 = 2 \cdot \ln|x| \qquad \text{für } x \neq 0$$

Als Diskussionsbeispiel nehmen wir

$$f(x) = \tfrac{1}{2}(x + \tfrac{9}{2})^2 - \ln \frac{1}{\sqrt{|x|^9}};$$

Wir formen um:

$$f(x) = \tfrac{1}{2}(x + \tfrac{9}{2})^2 + \tfrac{9}{2} \ln|x|.$$

1 *maximale Definitionsmenge* $\mathbb{R} \setminus \{0\}$

2 *keine Symmetrie zum Koordinatensystem*

3 *Nullstellen*

$$\tfrac{1}{2} \cdot (x + \tfrac{9}{2})^2 + \tfrac{9}{2} \ln|x| = 0.$$

Wir sind nicht in der Lage, diese Gleichung zu lösen.

$$f'(x) = x + \tfrac{9}{2} + \tfrac{9}{2} \cdot \frac{1}{|x|} \cdot \operatorname{sgn} x.$$

Wegen $\frac{\operatorname{sgn} x}{|x|} = \frac{\operatorname{sgn} x}{x \cdot \operatorname{sgn} x} = \frac{1}{x}$ (vgl. Anan 1, S. 24 und S. 116) schreiben wir einfacher

$$f'(x) = x + \frac{9}{2} + \frac{9}{2x} = \frac{2x^2 + 9x + 9}{2x}$$

4 *Graphenpunkte mit waagrechten Tangenten*

$$f'(x) = 0;$$

$$\frac{2x^2 + 9x + 9}{2x} = 0;$$

$$2x^2 + 9x + 9 = 0;$$

$$x = -\tfrac{3}{2} \vee x = -3.$$

$$f(-\tfrac{3}{2}) = \tfrac{1}{2}(-\tfrac{3}{2} + \tfrac{9}{2})^2 + \tfrac{9}{2} \ln|-\tfrac{3}{2}| = 6{,}32\ldots \quad \text{(Rechner!)}$$

$$f(-3) = \tfrac{1}{2}(-3 + \tfrac{9}{2})^2 + \tfrac{9}{2} \ln|-3| = 6{,}06\ldots$$

5 *Monotonieverhalten*

x	$x<$	-3	$<x<$	$-\frac{3}{2}$	$<x<$	0	$<x$
$\operatorname{sgn} f'(x)$	-1	0	$+1$	0	-1	nicht def.	$+1$
G_f	fällt	Tip	steigt	Hop	fällt		steigt

Neben den Nullstellen von f' haben wir in unserem Schema auch die Definitionslücke $x=0$ aufgeführt, weil sich das Monotonieverhalten dort ändern könnte, was bei unserem Beispiel wirklich eintrifft.

Damit sind die Punkte mit waagrechten Tangenten

Tiefpunkt $(-3|6{,}06\ldots)$

Hochpunkt $(-\frac{3}{2}|6{,}32\ldots)$.

$$f''(x)=1-\frac{9}{2x^2}=\frac{2x^2-9}{2x^2};$$

6 *Flachpunkte*

$$f''(x)=0;$$

$$\frac{2x^2-9}{2x^2}=0;$$

$$2x^2-9=0;$$

$$x=\tfrac{3}{2}\sqrt{2} \vee x=-\tfrac{3}{2}\sqrt{2}.$$

$$f(\tfrac{3}{2}\sqrt{2})=25{,}30\ldots,\quad f(-\tfrac{3}{2}\sqrt{2})=6{,}21\ldots$$

7 *Krümmungsverhalten*

x	$x<$	$-\frac{3}{2}\sqrt{2}$	$<x<$	0	$<x<$	$\frac{3}{2}\sqrt{2}$	$<x$
$\operatorname{sgn} f''(x)$	$+1$	0	-1	nicht def.	-1	0	$+1$
Krümmung von G_f	links	Wep	rechts		rechts	Wep	links

Damit sind die Wendepunkte bestimmt mit

$$(-\tfrac{3}{2}\sqrt{2}|6{,}21\ldots) \quad \text{und} \quad (\tfrac{3}{2}\sqrt{2}|25{,}30\ldots).$$

Zum guten Ende sehen wir uns noch an, wie sich die Funktion an den Grenzen der Definitionsmenge verhält.

1. $\lim\limits_{x\to-\infty} f(x)=+\infty$, weil beide Summanden nach Plus-Unendlich streben.

2. $\lim\limits_{x\overset{<}{\to}0} f(x)=-\infty$, weil der erste Summand $\frac{81}{8}$ wird und der zweite nach $-\infty$ geht.

3. $\lim\limits_{x\overset{>}{\to}0} f(x)=-\infty$ siehe **2.**

4. $\lim\limits_{x\to+\infty} f(x)=+\infty$ siehe **1.**

Bild 100

Damit sehen wir, daß der Graph mindestens zwei Nullstellen haben muß. Berücksichtigen wir das Monotonieverhalten, steht sogar fest, daß er genau zwei Nullstellen hat, von denen eine positiv ist. Den Graphen der Funktion zeigt Bild 100.

6.3 Womit hat der Logarithmus was zu tun?

Der deutsche Anatom und Physiologe Ernst Heinrich Weber (1795–1878) veröffentlichte 1834 seine Untersuchungen über das Hören und über den Tastsinn der Haut. Darin formulierte er ein Gesetz, das den Zusammenhang zwischen Reiz und Empfindung wiedergibt.
Einer seiner Versuche hätte etwa so aussehen können: Die Hand einer Versuchsperson liegt auf einem Tisch. Auf der Hand befindet sich ein Gewichtstück. Die Gewichtskraft ist ein Reiz R, der bei der Versuchsperson die (Druck-)Empfindung E verursacht. Legt man noch ein Gewichtsstück dazu, so vergrößert sich der Reiz. Aber diese Reizverstärkung nimmt man nicht immer wahr. Erst wenn der zusätzliche Reiz einen bestimmten Mindestwert (Schwellenwert) überschreitet, verstärkt sich die Empfindung merklich.

Weber stellte fest: Für eine eben merkliche Steigerung der Empfindungsstärke $(\Delta E)_0$ ist immer die relativ gleiche Reizsteigerung $\frac{\Delta R}{R}$ erforderlich. Da einer größeren relativen Reizsteigerung auch eine größere Empfindungsänderung ΔE auslösen sollte, machte Weber einen Ansatz, in dem er die relative Reizsteigerung proportional zur Empfindungsänderung setzte:

$$\Delta E \sim \frac{\Delta R}{R}.$$

Der deutsche Psychologe und Philosoph Gustav Theodor Fechner (1801–1887) formulierte diesen später als Weber-Fechnersches Gesetz bekannten Zusammenhang mathematisch: Er stellte die Empfindung E als Funktion des Reizes R dar. Aus der Formel von Weber folgerte er

$$\frac{\Delta E}{\Delta R} \approx k \cdot \frac{1}{R}.$$

Für kleines ΔR heißt das ungefähr

$$\frac{d}{dR} E(R) = k \cdot \frac{1}{R}.$$

Die Funktion E muß also bis auf eine Konstante der natürliche Logarithmus sein:

$$E(R) = k \cdot \ln R + C.$$

Bezeichnen wir mit R_0 den größten gerade noch nicht spürbaren Reiz, dann gilt

also $\quad 0 = E(R_0) = k \cdot \ln R_0 + C, \qquad C = -k \cdot \ln R_0$

und $\quad E(R) = k \cdot \ln R - k \cdot \ln R_0$

das heißt
$$E(R) = k \cdot \ln \frac{R}{R_0}$$

Ist die Reizstärke R groß gegenüber dem Schwellenreiz R_0, so ist $\frac{R}{R_0} \gg 1$. Dabei wächst der ln sehr langsam (Bild 96, 97). Das bedeutet: Für solche Reize wächst die Empfindung kaum noch, auch wenn der Reiz stark zunimmt.

Die Empfindung E ist eine meßbare Größe geworden, wenn man R_0 ermittelt und k festgelegt hat. Die Wahl von k legt also die Einheit für E fest.

Übrigens: Weil sich die Logarithmusfunktionen nur in einem konstanten Faktor unterscheiden, läßt sich der natürliche Logarithmus im Weber-Fechnerschen Gesetz durch jeden anderen Logarithmus ersetzen, zum Beispiel

$$E(R) = k \cdot \ln \frac{R}{R_0} = k \cdot \frac{1}{\log_b e} \cdot \log_b \frac{R}{R_0}.$$

Setzt man dann noch $k = \log_b e$ (die Basis ist ja beliebig wählbar), so ist das Gesetz besonders einfach

$$E(R) = \log_b \frac{R}{R_0}$$

In der Praxis verziert man die Zahl E(R) gern mit einer Benennung, um anzudeuten, daß es sich um eine meßbare Größe handelt.

Für die Basis $b = 10$ heißt die Einheit 1 Bel (zu Ehren des amerikanischen Physikers Alexander Graham Bell (1847–1922), der zusammen mit Reis und Gray das Telefon erfunden hat). Die Empfindung 1 Bel wird also vom zehnfachen Schwellenreiz verursacht:

$$E(10R_0) = \lg \frac{10R_0}{R_0} = \lg 10 = 1 \text{ Bel}$$

Der zehnte Teil dieser Einheit heißt 1 Dezibel = 1 dB. Die Einheit Dezibel verwendet man vor allem in der Akustik und in der Elektroakustik.

Dort ist der Reiz die Schalleistung P, die Empfindung E heißt Lautstärke.

Dann ist $\quad E(P) = 10 \lg \frac{P}{P_0} \text{ dB}.$

Die Schalleistung P ist proportional dem Quadrat des Schalldrucks p. Deshalb gilt auch

$$E(p) = 10 \lg \frac{p^2}{p_0^2} \text{ dB} = 20 \lg \frac{p}{p_0} \text{ dB}$$

Messungen erbringen für p_0 den Wert $2 \cdot 10^{-4}\,\mu$bar bei 1000 Hz.
Bei 20 Hz (sehr tiefer Orgelton) ist diese Reizschwelle p_0 5000mal so groß.
Die Fernmeldetechniker verwenden bei der Messung relativer Größen als Basis e.
Die Einheit nennen sie 1 Neper = 1 Np (zu Ehren des schottischen Mathematikers *John Napier* (1550–1617), Laird of Merchiston, der gleichzeitig mit dem schweizer Mathematiker *Jost Bürgi* (1552–1632) die Logarithmen erfand).

Da in den letzten Jahren der anwachsende Lärm unser Wohlbefinden immer mehr stört, wollen wir mit dem Weber-Fechnerschen Gesetz vor allem Fragen des Lärmschutzes besprechen.
Wenn ein Geräuschpegel über 65 dB ansteigt, fühlen wir noch keine Schmerzen. Trotzdem reagiert unser Körper bereits unbewußt auf diese Lautstärke durch Zusammenziehen der Gefäße und Erhöhung des Blutdrucks. Die Verantwortlichen versuchen deshalb, durch Verordnungen und Auflagen den Geräuschpegel zu senken.
Angenommen, der Geräuschpegel von 65 dB würde von 100 gleichen Maschinen erzeugt. Wie viele Maschinen dürften dann noch laufen, damit der Geräuschpegel um 10 dB verringert wird?

Nach Weber-Fechner gilt

$$E(R) = 10\left(\lg \frac{R}{R_0}\right) dB.$$

Verursacht jede Maschine für sich allein den Reiz R_1, so empfinden wir den Lärm von 100 Maschinen mit

$$E(100\,R_1) = 10\left(\lg \frac{100\,R_1}{R_0}\right) dB,$$

den Lärm von x Maschinen entsprechend mit

$$E(xR_1) = 10\left(\lg \frac{xR_1}{R_0}\right) dB;$$

R_0 ist die (unbekannte) Reizschwelle.
Die Empfindungsminderung ist dann

$$E(100\,R_1) - E(xR_1) = 10\left(\lg \frac{100\,R_1}{R_0}\right) dB - 10\left(\lg \frac{xR_1}{R_0}\right) dB =$$

$$= 10\left[\lg\left(\frac{100\,R_1}{R_0} : \frac{xR_1}{R_0}\right)\right] dB =$$

$$= 10\left(\lg \frac{100}{x}\right) dB.$$

Weil die Empfindungsminderung 10 dB betragen soll, muß gelten

$$10\,\mathrm{dB} = 10\left(\lg\frac{100}{x}\right)\mathrm{dB} \qquad \text{oder auch}$$

$$1 = \lg\frac{100}{x}, \qquad \text{das heißt}$$

$$10^1 = \frac{100}{x} \qquad \text{oder } x = 10.$$

Der um 10 dB verringerte Geräuschpegel wird von zehn Maschinen erzeugt, es müssen also von 100 Maschinen 90 stillgelegt werden.
Jetzt vergleichen wir einmal verschiedene Lärmerzeuger, nämlich Menschen im Gespräch (je etwa 50 dB) und einen Düsenjäger (in 7 m Abstand etwa 130 dB). Der Unterschied der Empfindung ist 80 dB. Ein Düsenjäger ist demnach für unser Ohr (gleiche Frequenz von Unterhaltung und Maschine vorausgesetzt) so laut wie 10^8 oder 100 000 000 Menschen im Gespräch. Anders ausgedrückt, sämtliche Bundesbürger und Italiener zusammen machen bei gleichzeitigem Sprechen den gleichen Lärm wie ein einziger Düsenjäger!
Wie viele Menschen bewirken durch ihr gleichzeitiges Sprechen 65 dB?

$$15 = 10\,(\lg xR_1 - \lg R_1);$$
$$1{,}5 = \lg x;$$
$$x = 10^{1{,}5};$$
$$x = 31{,}6$$

Wenn eine ganze Klasse gleichzeitig spricht, gerät das Blut in Wallung. Wenn ein Lehrer schon auf einen einzigen sprechenden Schüler heftig reagiert, ist das ein anderer Effekt.
Ein einfaches Beispiel soll abschließend eine Empfindungsskala illustrieren. Wir wählen $b = 3$ und nennen die Einheit der Empfindung 1 Herz. Bild 101 zeigt den Schwellenreiz R_0.

$$E(R_0) = \log_3\frac{R_0}{R_0} = 0\,\text{Herz}$$

Der dreifache Schwellenreiz bewirkt die Empfindung

$$E(3R_0) = \log_3\frac{3R_0}{R_0} = \log_3 3 = 1\,\text{Herz} \quad \text{(Bild 102)}$$

Für die Empfindung 2 Herz brauchen wir schon den neunfachen Schwellenreiz, siehe Bild 103.

Bild 101

Bild 102

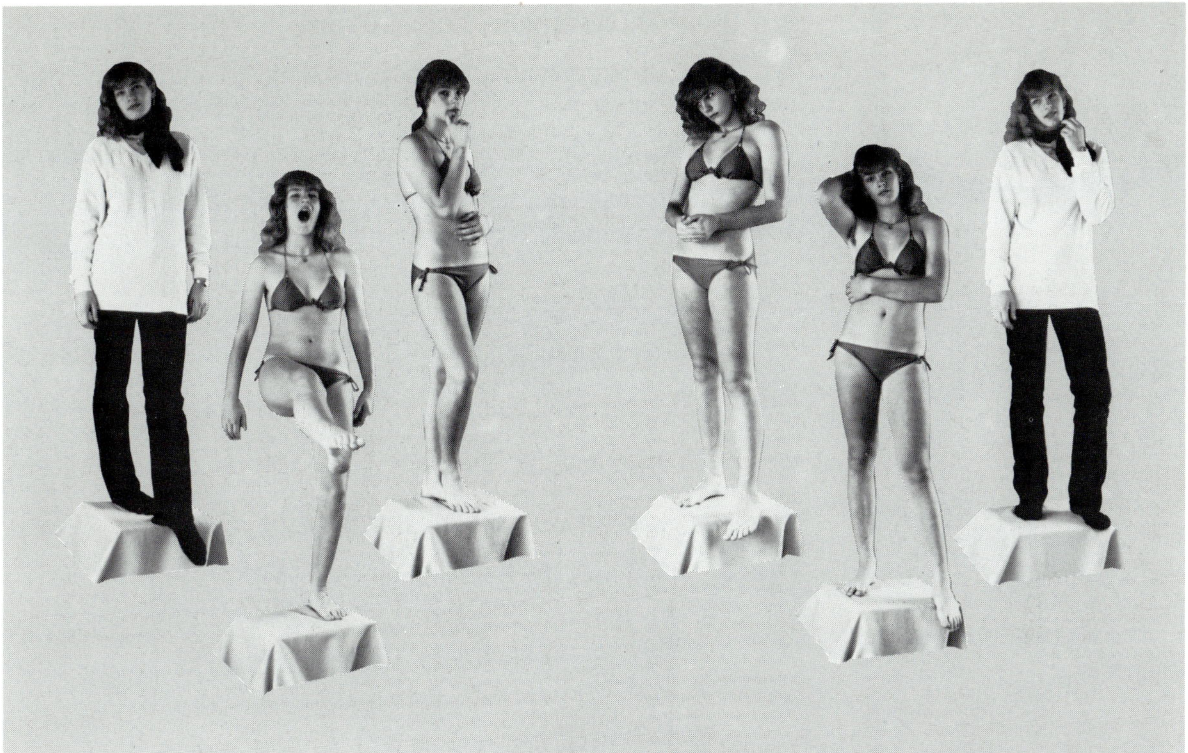

Bild 103

BITTE UMBLÄTTERN

6.4 Vom Integral zum Logarithmus

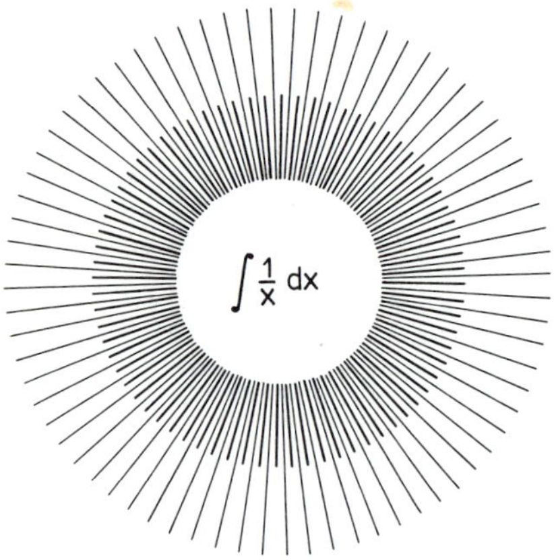

Wir haben die Logarithmusfunktion als Umkehrfunktion der Exponentialfunktion kennengelernt. Dabei ist aber offen geblieben, wie man die Existenz des Grenzwerts $\lim\limits_{h \to 0} \frac{b^h - 1}{h}$ (vgl. Seite 79) beweist.
Es gibt auch noch einen anderen Weg zum Logarithmus. Er beginnt an einer unvermuteten Stelle: Auf Seite 10 steht

$$\int x^n \, dx = \frac{1}{n+1} \cdot x^{n+1} + C; \; n \in \mathbb{Z} \setminus \{-1\}.$$

Bei der einzigen Ausnahme $n = -1$ hätten wir uns die Zähne daran ausgebissen, eine Stammfunktion zu $x \mapsto \frac{1}{x}$ zu finden. Inzwischen wissen wir aber, daß der Integrand $\frac{1}{x}$ die Ableitung des natürlichen Logarithmus ist. Demnach ist die Integralfunktion $L: x \mapsto \int\limits_1^x \frac{1}{t}\,dt$; $D_L = \mathbb{R}^+$ der natürliche Logarithmus (Bild 104).

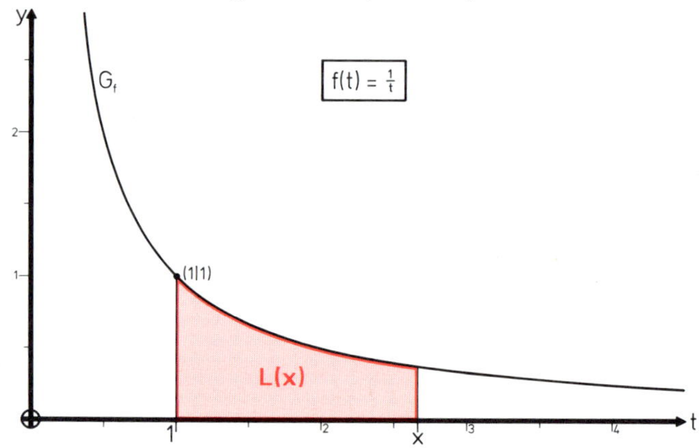

Bild 104

Als untere Integralgrenze haben wir 1 gewählt, weil $\ln 1 = 0$ ist. Wir diskutieren diese Integralfunktion L und zeigen, daß sie alle Eigenschaften des natürlichen Logarithmus hat. Wir tun dabei mal so, als wüßten wir nicht, daß die Ableitung des natürlichen Logarithmus gerade $\frac{1}{x}$ ist.

Wir wissen von früher, daß jeder Logarithmus die Gleichung $\log(uv) = \log u + \log v$ für alle positiven u und v erfüllt.
Es ist verblüffend:
Jede stetige Funktion f, die eine solche Gleichung $f(uv) = f(u) + f(v)$ für alle positiven u und v erfüllt, ist ein Vielfaches des natürlichen Logarithmus.
Wir zeigen dies in mehreren Schritten.

1. Schritt: Wir zeigen $f(1) = 0$.
Wir setzen in der Gleichung $u = 1$ und erhalten $f(1 \cdot v) = f(1) + f(v)$. Daraus folgt $f(1) = 0$, weil $1 \cdot v = v$ ist.

2. Schritt: Wir zeigen $f(a^n) = n \cdot f(a)$ für $n \in \mathbb{N}$.

$$f(a^n) = f(a^{n-1} \cdot a) = f(a^{n-1}) + f(a) = \ldots =$$
$$= f(a) + f(a) + \ldots + f(a) = n \cdot f(a).$$

3. Schritt: Wir zeigen $f(a^{-n}) = -n \cdot f(a)$ für $n \in \mathbb{N}$.

$$0 = f(1) = f(a^n \cdot a^{-n}) = f(a^n) + f(a^{-n}) = n \cdot f(a) + f(a^{-n});$$
$$f(a^{-n}) = -n \cdot f(a).$$

4. Schritt: Wir zeigen $f(a^{\frac{1}{n}}) = \frac{1}{n} \cdot f(a)$ für $n \in \mathbb{N}$.

$$f(a) = f((a^{\frac{1}{n}})^n) = n \cdot f(a^{\frac{1}{n}}).$$

5. Schritt: Wir zeigen $f(a^{\frac{m}{n}}) = \frac{m}{n} \cdot f(a)$ für $\frac{m}{n} \in Q$.

$$f(a^{\frac{m}{n}}) = f((a^{\frac{1}{n}})^m) = m \cdot f(a^{\frac{1}{n}}) = \frac{m}{n} \cdot f(a).$$

6. Schritt: Wir zeigen $f(a^r) = r \cdot f(a)$ für $r \in \mathbb{R}$.

Zu jeder reellen Zahl r gibt es Folgen rationaler Zahlen r_n mit dem Grenzwert r, also $\lim\limits_{n \to \infty} r_n = r$.

Für die rationalen Zahlen r_n gilt aber $f(a^{r_n}) = r_n \cdot f(a)$, also gilt auch $\lim\limits_{n \to \infty} f(a^{r_n}) = \lim\limits_{n \to \infty} r_n \cdot f(a)$.

Die rechte Seite dieser Gleichung ist problemlos:

$$\lim_{n \to \infty} r_n \cdot f(a) = r \cdot f(a).$$

Wegen der Stetigkeit von f läßt sich die linke Seite umformen zu $f(\lim a^{r_n})$. Nun wäre es schön, wenn

$$\lim_{n \to \infty} a^{r_n} = a^{\lim\limits_{n \to \infty} r_n} = a^r$$

wäre. Dazu müßten wir wissen, daß die Exponentialfunktion $x \mapsto a^x$ stetig ist. Wir haben das nie bewiesen, dafür aber andere.

Wenn wir diesen Leuten glauben, ist

$$f(a^r) = r \cdot f(a) \text{ für alle } r \in \mathbb{R}.$$

7. Schritt: Jede positive Zahl x ist in der Form $e^{\ln x}$ darstellbar. Weil f die Gleichung $f(a^r) = r \cdot f(a)$ erfüllt, gilt

$$f(x) = f(e^{\ln x}) = f(e) \cdot \ln x.$$

Damit ist f das f(e)-fache des natürlichen Logarithmus.

Wenn unsere Integralfunktion $L: x \mapsto \int_1^x \frac{1}{t}\,dt$ die Gleichung $f(uv) = f(u) + f(v)$ erfüllt, haben wir sie als Logarithmusfunktion entlarvt. Wir wissen: Die Ableitung der Integralfunktion einer stetigen Funktion ist die Integrandenfunktion. Angewandt heißt dies $x \mapsto L(x)$ hat die Ableitung $x \mapsto \frac{1}{x}$.

Die Funktion $x \mapsto L(xv)$ hat nach der Kettenregel die Ableitung $x \mapsto \frac{1}{xv} \cdot v$, also $x \mapsto \frac{1}{x}$.

Die beiden betrachteten Funktionen haben hiermit dieselbe Ableitung für $x \in \mathbb{R}^+$, unterscheiden sich folglich allenfalls um eine Konstante:

$L(xv) = L(x) + C$.
Setzen wir $x = 1$, so gilt:
$L(1v) = L(1) + C$, also $L(v) = C$, da $L(1) = 0$ ist.
Setzen wir für C den eben bestimmten Wert ein, so erhalten wir

$$\boxed{L(xv) = L(x) + L(v)}$$

Weil L differenzierbar und deshalb erst recht stetig ist, haben wir damit gezeigt, daß L unserem 7-Schritt-Beweis entsprechend eine Logarithmusfunktion ist. Wir stellen L wieder als Vielfaches des natürlichen Logarithmus dar:
$L(x) = L(e) \cdot \ln x$ (vgl. Schritt 7).

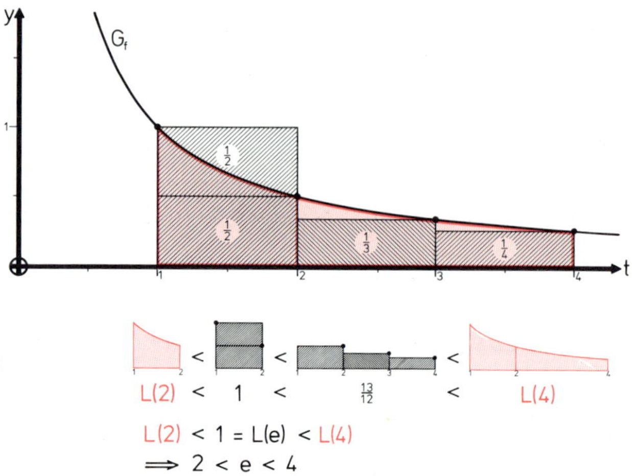

Bild 105

Mit einigem Aufwand, der uns hier zuviel ist, läßt sich beweisen, daß $L(e) = 1$ ist. In Bild 105 sehen wir, daß zumindest gilt

$$\left.\begin{matrix} L(2) < 1 \\ L(4) > 1 \end{matrix}\right\} \Rightarrow 2 < e < 4 .$$

Mit $L(e) = 1$ vereinfachen wir weiter $L(x) = \ln x$.
Wir schreiben:

$$\boxed{\int_1^x \frac{1}{t}\,dt = \ln x}$$

In Bild 106 sehen wir, wie man natürliche Logarithmen als Flächen darstellen kann.
In $\mathbb{R}^+$ gilt

$$\int \frac{1}{x}\,dx = \ln x + C .$$

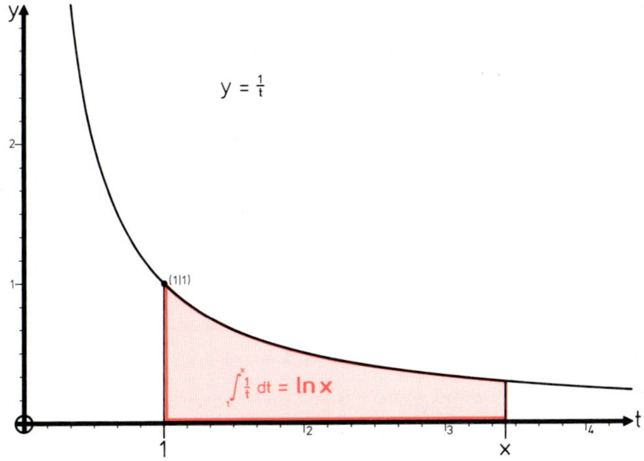

Bild 106

Für negative x ist $\ln(-x)$ definiert. Als Ableitung erhalten wir mit der Kettenregel $\frac{1}{-x} \cdot (-1) = \frac{1}{x}$. Also gilt in $\mathbb{R}^-$

$$\int \frac{1}{x}\,dx = \ln(-x) + C.$$

Manchmal faßt man die beiden unbestimmten Integrale zusammen zu

$$\int \frac{1}{x}\,dx = \ln|x| + C.$$

Wir beachten dabei aber, daß dadurch nicht alle Stammfunktionen der Funktion $x \mapsto \frac{1}{x}$; $D = \mathbb{R} \setminus \{0\}$ dargestellt werden, weil man links und rechts von der y-Achse verschiedene Konstanten verwenden könnte (vgl. Bemerkung Seite 10).

Es ist noch offen, wie man ln-Werte bestimmt.

Die Integralschreibweise ermöglicht uns die Berechnung. Wir führen dies für den Wert $\ln 3 = \int_1^3 \frac{1}{x}\,dx$ vor.

Da wir die Stammfunktionswerte anders nicht berechnen können, greifen wir auf die unbequeme Streifenmethode zurück. Als erste Näherung versuchen wir es mit fünf Streifen (vgl. Bild 107). Damit wird die Untersumme

$$s_5 = \tfrac{2}{5} \cdot \tfrac{1}{1,4} + \tfrac{1}{1,8} + \tfrac{1}{2,2} + \tfrac{1}{2,6} + \tfrac{1}{3,0}) = 0,97$$

und die Obersumme

$$S_5 = \tfrac{4}{5} \cdot (\tfrac{1}{1,0} + \tfrac{1}{1,4} + \tfrac{1}{1,8} + \tfrac{1}{2,2} + \tfrac{1}{2,6}) = 1,24.$$

Damit haben wir $\ln 3$ eingegrenzt:

$$0,97 < \ln 3 < 1,24.$$

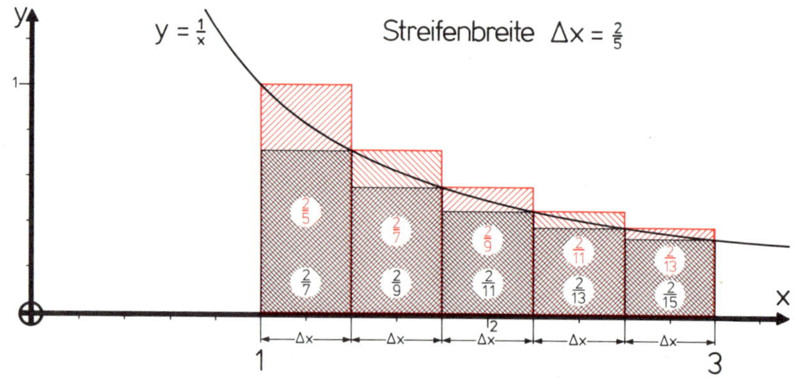

$$\text{Obersumme } S_5 = \frac{2}{5} + \frac{2}{7} + \frac{2}{9} + \frac{2}{11} + \frac{2}{13} = 1{,}24\ldots$$

$$\text{Untersumme } s_5 = \frac{2}{7} + \frac{2}{9} + \frac{2}{11} + \frac{2}{13} + \frac{2}{15} = 0{,}97\ldots$$

Bild 107 $\quad 0{,}97 < \ln 3 < 1{,}24$

Um den Wert genauer einzufangen, wählen wir eine feinere Einteilung, zum Beispiel Streifen der Breite $\frac{1}{10}$.
Damit wird die Untersumme

$$s_{20} = \frac{1}{10} \cdot \left(\frac{1}{1{,}1} + \frac{1}{1{,}2} + \ldots + \frac{1}{3{,}0}\right) = 1{,}07$$

und die Obersumme

$$S_{20} = \frac{1}{10} \cdot \left(\frac{1}{1{,}0} + \frac{1}{1{,}1} + \ldots + \frac{1}{2{,}9}\right) = 1{,}13.$$

Also ist $1{,}07 < \ln 3 < 1{,}13$.
Fleißige Leute haben errechnet $\ln 3 = 1{,}098\,612\,289\ldots$.

Aufgaben zu 6.1

1. Berechne: (Taschenrechner)

a) $\ln 0{,}1$; **b)** $\ln 10$; **c)** $\ln 10^{10}$;
d) $\ln e^{\pi}$; **e)** $\ln \sqrt{e}$; **f)** $\lg e$;
g) $\lg \frac{1}{\pi}$; **h)** $\mathrm{lb}\, e$; **i)** $\mathrm{lb} \frac{1}{1024}$;
j) $\log_3 2$;

2. Für welche x gilt: (Taschenrechner)

a) $\ln x = 2$; **b)** $\ln 2x = -7$;
c) $\sqrt{\ln x} = \ln x$; **d)** $\ln(x^2) = -1$;
e) $\ln^2 x = \ln(\ln x) = -1$ **f)** $\ln x = \lg x$;

3. Für welche x gilt: (Taschenrechner)

a) $1 < \ln x < 2$; **b)** $1 < \ln(-x) < 2$;
c) $1 < \ln|x| < 2$; ●**d)** $1 < |\ln x| < 2$;

e) $\ln(x^2) > e$; **f)** $\ln^2 x > e$;

g) $\ln(ex) \leqq \ln x$; **h)** $(\ln x)^2 > \ln x$;

4. Berechne und vergleiche $\frac{1}{x}$ und $\frac{\ln\left(1+\frac{h}{x}\right)}{h}$ für

a) $x = 1$ und $h \in \{\pm 1;\ \pm 0{,}1;\ \pm 0{,}01\}$;
b) $x = 10$ und $h \in \{\pm 1;\ \pm 0{,}1;\ \pm 0{,}01\}$;
c) $x = 0{,}1$ und $h \in \{\pm 0{,}1;\ \pm 0{,}01\}$;

5. Leite ab:

a) $f(x) = x + \ln x$; **b)** $f(x) = x \ln x$;
c) $f(x) = \ln(-x)$; **d)** $f(x) = -\ln(2x)$;
e) $f(x) = \ln(x^2)$; **f)** $f(x) = (\ln x)^2$;
g) $f(x) = \ln \sqrt{x}$; **h)** $f(x) = \sqrt{\ln x}$;
i) $f(x) = \ln(\sin x)$; **j)** $f(x) = \sin(\ln x)$;
k) $f(x) = \ln(x^e)$; **l)** $f(x) = \ln(e^x)$;

6. Leite ab:

a) $f(x) = x \ln x - x$;
b) $f(x) = x(\ln x)^2 - 2x \ln x + 2x$;
c) $f(x) = x\left[(\ln x)^3 - 3(\ln x)^2 + 6 \ln x - 6\right]$;
d) $f(x) = \frac{1}{2}x^2(\ln x - \frac{1}{2})$; **e)** $f(x) = \frac{1}{3}(\ln x)^3$;
f) $f(x) = x^3 \ln x - \frac{1}{3}x^3$; **g)** $f(x) = \ln^2 x = \ln(\ln x)$;
• **h)** $f(x) = \ln(\lg x) - \lg(\ln x)$; • **i)** $f(x) = \ln(x + \sqrt{x^2 + 1})$;
j) $f(x) = \ln(1 + e^x)$; **k)** $f(x) = \ln(e^x + e^{-x})$;
l) $f(x) = 2x - \ln(2 - 2e^x)^2$; • **m)** $f(x) = \ln\left[2 + \frac{1}{2}(e^x + e^{-x})\right]$;
• **n)** $f(x) = \ln \frac{e^{-x}}{1 + e^{-x}}$; •• **o)** $f(x) = \ln \sqrt{\frac{1 + e^x}{1 - e^x}}$;
•• **p)** $f(x) = \ln \sqrt[3]{\frac{e^{3x}}{1 + e^{3x}}}$;

7. Bestimme – soweit möglich – die Nullstellen der Funktionen in Aufgabe **6.**

8. Leite ab:

a) $f_u(v) = \ln uv$; $f_v(u) = \ln uv$; • **b)** $f_r(t) = \ln t^r$; $f_t(r) = \ln t^r$;
• **c)** $f_a(x) = (\ln x)^a$; $f_x(a) = (\ln x)^a$; •• **d)** $f_k(z) = z^{\ln k}$; $f_z(k) = z^{\ln k}$.

9. Leite ab:

a) $f(x) = \ln x - \int_1^x \frac{1}{t}\,dt$ **b)** $f(x) = x \ln x + \int_2^x \ln t\,dt$

c) $f(x) = \int_1^x t \ln t\,dt + \int_x^3 t \ln t\,dt$;

•**10.** Schreibe den gegebenen Term als Potenz von e, vereinfache und leite den vereinfachten Term ab!
Gib die Menge der Zahlen an, für die der vorgegebene Term, der vereinfachte Term und der Term der Ableitung definiert sind:

a) 2^x; **b)** $2^{\frac{x}{\ln 2}}$; **c)** $2^{\ln x}$; **d)** $2^{\frac{\ln x}{\ln 2}}$;

e) x^x; **f)** $\left(\frac{1}{x}\right)^x$; **g)** $x^{\frac{1}{\ln x}}$; **h)** $x^{-\frac{\ln 2}{\ln x}}$;

i) $\left(\frac{1}{x}\right)^{\ln x}$; **j)** $\sqrt[x]{x}$; **k)** $\sqrt{x}^{\,x}$; **l)** $x^{\sqrt{x}}$;

m) $\sqrt{x}^{\sqrt{x}}$; **n)** $x^{\sin x}$; **o)** $\sqrt[\sin x]{x^{\tan x}}$; **p)** $\sqrt[\cos x]{x^{\tan x}}$;

11. Leite ab:

a) $f(x) = \lg x$; **b)** $f(x) = -\operatorname{lb} x$;
c) $f(x) = \lg x^x$; **d)** $f(x) = \lg x^{\ln 10}$;
e) $f(x) = \log_3(x^3)$; •**f)** $f(x) = \operatorname{lb}(\lg(\ln x))$;

6

Aufgaben zu 6.2

12. Diskutiere und zeichne den Graphen:

a) $f(x) = \ln(1-x)$, $D_{f\,max}$ **b)** $f(x) = \ln(x^2)$, $D_{f\,max}$
c) $f(x) = \ln|x|$, $D_{f\,max}$ **d)** $f(x) = |\ln x|$, $D_{f\,max}$
e) $f(x) = \ln|1-x|$, $D_{f\,max}$ **f)** $f(x) = \sqrt{\ln x}$, $D_{f\,max}$
g) $f(x) = \ln(\ln x)$, $D_{f\,max}$

13. Unter welchem Winkel schneiden sich G_f und G_g?

a) $f(x) = \ln x$, $g(x) = \ln(1-x)$;
b) $f(x) = \ln x$, $g(x) = \lg x$;
c) $f(x) = -x + \ln x$, $g(x) = 1 - x$;

14. In welchem Punkt ist die Tangente (bzw. die Normale) von G_f parallel zu G_g?

a) $f(x) = \ln x$, $g(x) = 3x + 1871$;
b) $f(x) = 2\ln(1-x^2)$, $g(x) = \frac{4}{3}x + 324$;
c) $f(x) = \ln|x^2-4|$, $g(x) = -\frac{2}{3}x + 1517$;

•**15.** Diskutiere und zeichne den Graphen ($D_f = D_{f\,max}$):

a) $f(x) = x - 1 - \ln x$; **b)** $f(x) = \ln(x^2 - x - 6)$;
c) $f(x) = x^2(\ln x - \frac{1}{2})$; **d)** $f(x) = (x-2)^2 + \ln(x^2)$;
e) $f(x) = \ln x + e^{1-x}$; **f)** $f(x) = x - \ln(1+x^2)$;
g) $f(x) = \frac{1}{x}(1 + \ln x)$; **h)** $f(x) = x\ln|x| - (x-2)\ln|x-2|$

•**16.** Welcher Punkt der Kurve $y = \ln x$ legt mit dem Punkt $(0|1)$ eine möglichst kurze Strecke fest?

●**17.** Die Gerade $x = a$ schneidet die Kurve $y = \ln x$ in Q und die x-Achse in R; die Kurvennormale in Q schneidet die x-Achse in S. Bestimme a so, daß der Flächeninhalt des Dreiecks QRS extrem ist. Welches Extremum liegt vor?

●**18.** Auf der Kurve $y = \ln x$ liegt der Punkt $P(a|b)$. P und der Ursprung sind die gegenüberliegenden Ecken eines Rechtecks, zwei Rechteckseiten liegen in den Koordinatenachsen.

a) Bei welchem Wert von a $(0 < a < 1)$ hat der Inhalt der Rechteckfläche einen Extremwert? Wie groß ist dieser?

b) a_0 sei die Rechtecksbreite für den Fall, daß die ln-Kurve das Rechteck in flächengleiche Teile zerschneidet. Stelle eine Gleichung für a_0 auf und zeige, daß sie genau eine Lösung hat. Gib ein Intervall der Länge 0,1 an, in dem a_0 liegt.

●**19. a)** Bestimme die Gleichung der Tangentenschar der ln-Kurve G_f. (Tip: Tangente in $P(a|b)$ von G_f)

b) Bestimme den Punkt auf G_f, dessen Tangente durch den Ursprung geht.

c) Eine Schartangente schneidet die x-Achse unter 30°; wo berührt sie G_f, wo schneidet sie die Koordinatenachsen?

d) Welche Schartangente, die steiler ist als die Gerade $y = \frac{1}{e}x$, begrenzt zusammen mit den Koordinatenachsen ein Dreieck von extremalem Flächeninhalt? Berechne diesen.

●●**20.** Die Tangente der ln-Kurve in $P(a|b)$ schneide die x-Achse in S und die y-Achse in T. P und T seien die gegenüberliegenden Ecken eines Rechtecks, von dem eine Seite in der y-Achse liegt.

a) Bestimme den Flächeninhalt des Rechtecks.

b) Die ln-Kurve schneidet die untere Rechteckseite in U. Bestimme U.

c) Für welches a liegen U und S übereinander?

d) Für welches a liegt die untere Rechteckseite in der x-Achse?

e) Die ln-Kurve zerschneidet das Rechteck in zwei Teile. Berechne das Verhältnis der Inhalte dieser Teilflächen.

●●**21.** $f(x) = \ln(ax^2 + bx + c)$; G_f hat eine waagrechte Tangente in $P(1|\ln 5{,}5)$ und schneidet die x-Achse bei -2.

a) Bestimme die Koeffizienten a, b und c.

b) Bestimme die maximale Definitionsmenge von f.

c) Bestimme die Asymptoten von G_f und das Verhalten von G_f in der Umgebung der Asymptoten.

d) Ist P ein Hoch-, Tief- oder Terassenpunkt von G_f?

e) Zeichne G_f.

●**22.** Für welche Zahl ist der Unterschied zwischen ihrer Wurzel und ihrem natürlichen Logarithmus am kleinsten?

6

23. a) Für welche Zahlen ist die Wurzel aus ihrem natürlichen Logarithmus gleich dem natürlichen Logarithmus ihrer Wurzel?

b) Für welche Zahl zwischen 1 und e^4 ist der Unterschied zwischen der Wurzel aus ihrem natürlichen Logarithmus und dem natürlichen Logarithmus ihrer Wurzel am größten?

c) Berechne den Inhalt der Fläche zwischen der x-Achse und der Kurve $y = \ln x - (\ln \sqrt{x})^2$. (vgl. Aufgabe **6a, b**)

24. a) Was bedeutet anschaulich $\int_a^1 \ln x \, dx$, $0 < a \leqq 1$? (vgl. Aufgabe **6a**)
Berechne dieses Integral.

b) Was bedeutet anschaulich $\int_t^0 e^x \, dx$, $t \leqq 0$?
Berechne dieses Integral.

c) Was ergibt sich in **b)**, falls $t \to -\infty$? Geometrische Deutung!

d) Was ergibt sich in **a)**, falls $a \xrightarrow{>} 0$?
Was muß demnach gelten für den Grenzwert: $\lim\limits_{a \xrightarrow{>} 0} a \ln a$?
Was ergibt sich dann für: $\lim\limits_{a \xrightarrow{>} 0} a^a$?

25. $f(x) = \ln x + \ln(6 - x) - \ln 5$

a) Bestimme die maximale Definitionsmenge von f.

b) Bestimme die Nullstellen und die Extrempunkte von f.

c) Leite $x \mapsto x - (6 - x)\ln(6 - x)$ ab;
berechne den Inhalt der Fläche zwischen der x-Achse und G_f.

26. $f(x) = (2 - \ln x)^2 - 1$; $g(x) = 3 - 4 \ln x$;
$h(x) = \ln x - \frac{13}{4}$;
$i(x) = \ln x - 1$; $D_f = D_g = D_h = D_{max}$

a) Bestimme die Achsen- und Extrempunkte von G_f.

b) Berechne den Inhalt der Fläche zwischen G_f und der x-Achse.

c) Untersuche G_f, G_g, G_h und G_i paarweise auf gemeinsame Punkte; welche Kurven berühren einander?

d) Berechne den Inhalt der Fläche zwischen G_f und G_i.

e) Berechne den Inhalt der Fläche zwischen G_f, G_g und G_h. (Verwende Ergebnisse von Aufgabe **6a, b**)

27. Berechne den Inhalt der Fläche zwischen der x-Achse und den Kurven

a) $y = |\ln x| - 1$; **b)** $y = (\ln x)^2 - 1$;

(Verwende Ergebnisse von Aufgabe **6a, b**)

Aufgaben zu 6.3

28. Berechne E(R) in Bel für

a) $R = 2R_0$ **b)** $R = 5R_0$ **c)** $R = 10R_0$

•29. Bei einem Peugeot 504 ist als Standgeräusch 80 dB, als Fahrgeräusch 82 dB angegeben. Wie viele Autos machen im Stand etwa dasselbe Geräusch wie 10 fahrende?

•30. In einer Maschinenhalle sind 8 gleichartige Maschinen in Betrieb und verursachen einen Geräuschpegel von 85 db.

a) Es werden 8 (72) weitere Maschinen des gleichen Typs in Betrieb genommen. Mit welchem Geräuschpegel ist zu rechnen?

b) Das Gewerbeaufsichtsamt läßt als Obergrenze nur noch 82 dB zu. Wie viele Maschinen können gleichzeitig laufen?

•31. Eine Normbiene macht ein Fluggeräusch von 10 dB.

a) Wie viele Normbienen braucht man, um ein Fluggeräusch von 20 dB (30 dB, 50 dB) zu erzeugen?

b) Wie viele Dezibel werden von 100 (1000) Normbienen erzeugt?

•32. In einem Meter Abstand hört man einen Gesprächspartner mit etwa 65 dB. Ein Motorrad hört man aus 7 m Abstand mit etwa 85 dB. Wie viele simultane Gesprächspartner »ersetzt« ein Motorrad?

6

Aufgaben zu 6.4

33. Berechne und deute geometrisch:

a) $\int_1^2 \frac{1}{x}\,dx$; **b)** $\int_2^1 \frac{1}{x}\,dx$; **c)** $\int_2^3 \frac{1}{x}\,dx$;

d) $\int_\pi^{\pi^2} \frac{1}{x}\,dx$; **e)** $\int_{-3}^{-2} \frac{1}{x}\,dx$; **f)** $\int_e^{k \cdot e} \frac{1}{x}\,dx$;

34. Vergleiche $\int_a^b \frac{1}{x}\,dx$ mit $\int_{k \cdot a}^{k \cdot b} \frac{1}{x}\,dx$ und deute das Ergebnis geometrisch.

35. Berechne

a) $\int_1^2 \frac{1+x}{x}\,dx$; **b)** $\int_1^e \frac{x^2+2x+3}{2x}\,dx$;

c) $\int_{-4}^{-2} \frac{(x+2)^2}{x^2}\,dx$; **d)** $\int_{-1}^{-3} \frac{(x-1)^2+3x}{3x}\,dx$;

36. Berechne mit der Streifenmethode einen Näherungswert für

a) $\ln 5$ mit s_5 und S_5 bzw. s_{10} und S_{10}

b) $\ln 10$ mit s_{10} und S_{10}.

c) $\ln 0{,}1$ mit s_{10} und S_{10} bzw. mit Hilfe von **b)**

7. Kapitel:

Rationale Funktionen

7.1 Was ist eine rationale Funktion?

Eine rationale **Zahl** ist der Quotient zweier ganzer **Zahlen**, eine rationale **Funktion** f ist der Quotient zweier Polynomfunktionen:

$$f\colon x \mapsto \frac{a_z x^z + a_{z-1} x^{z-1} + \ldots + a_0}{b_n x^n + b_{n-1} x^{n-1} + \ldots + b_0}$$

Hat das Nennerpolynom speziell den Grad Null, dann ist der Nenner nur eine Konstante. f heißt dann auch ganzrationale Funktion. Ist der Grad des Nennerpolynoms größer als der Grad des Zählerpolynoms ($n > z$), so nennen wir f auch echt rationale Funktion.
Üblicherweise wählt man als Definitionsmenge für f die größtmögliche in $\mathbb{R}$, also $\mathbb{R}$ ohne die Nullstellen des Nennerpolynoms. Bezeichnen wir das Zählerpolynom mit $Z(x)$ und das Nennerpolynom mit $N(x)$, so ist die maximale Definitionsmenge $\mathbb{R} \setminus \{x \mid N(x) = 0\}$. Die Nullstellen von Z sind die Nullstellen von f, falls sie nicht gerade Definitionslücken von f, das heißt gleichzeitig Nullstellen von N sind.
Die Ableitung einer rationalen Funktion finden wir mit der Quotientenregel

$$f'(x) = \frac{N(x)Z'(x) - N'(x)Z(x)}{[N(x)]^2}$$

Wir erinnern an die bewährte Eselsbrücke von Anan 1

$$\left(\frac{Z}{N}\right)' = \frac{NAZ - ZAN}{N^2}.$$

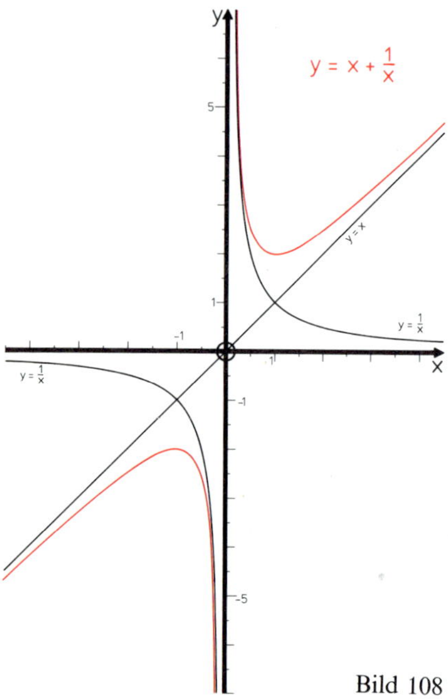

Bild 108

Wenn der Grad z des Zählers größer oder gleich dem Grad n des Nenners ist, erleichtert uns eine nützliche Umformung des Funktionsterms das Arbeiten mit rationalen Funktionen. Durch Polynomdivision erhalten wir einen ganz rationalen Term und einen echt rationalen. Wir zeigen diese Aufspaltung an einem Beispiel:

$$f(x) = \frac{x^2 + 1}{x} = x + \frac{1}{x}; \; D_f = \mathbb{R} \setminus \{0\}.$$

Wir sehen in Bild 108:

Für große $|x|$ ist $f(x) \approx x$, weil $\frac{1}{x} \approx 0$ ist, für kleine $|x|$ ist $f(x) \approx \frac{1}{x}$, weil $x \approx 0$ ist.

7.2 Asymptoten

In Bild 108 ist die x-Achse Asymptote der Funktion $x \mapsto \frac{1}{x}$. Der Graph von f nähert sich der Geraden $y = x$ in ähnlicher Weise. Es liegt nahe, diese Gerade auch Asymptote zu nennen, natürlich von G_f. Wir wiederholen die Definition von Seite 83 (vgl. Bild 109):

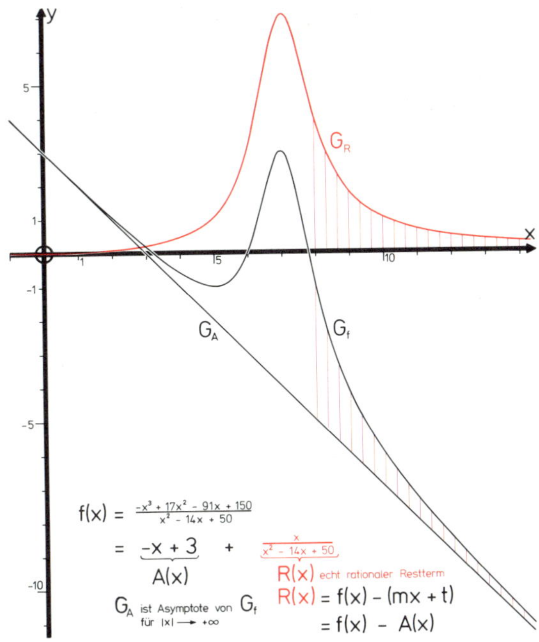

Bild 109

> Die Gerade $y = mx + t$ heißt Asymptote von G_f für $x \to +\infty$, wenn gilt $\lim\limits_{x \to +\infty} [f(x) - (mx + t)] = 0$.

Ebenso definiert man die Asymptote für sehr kleine Werte von x, also $x \to -\infty$.
Bei rationalen Funktionen finden wir solche Asymptoten recht einfach.

a) Bei echt rationalen Funktionen $(n > z)$ ist die x-Achse Asymptote des Funktionsgraphen für $x \to +\infty$ und für $x \to -\infty$.
Ein Beispiel in Bild 110:

$$f(x) = \frac{1}{18(x-1)^4 + 1}\,; \;\; D_f = \mathbb{R}$$

$$\lim_{x \to +\infty} f(x) = \lim_{x \to -\infty} f(x) = 0\,.$$

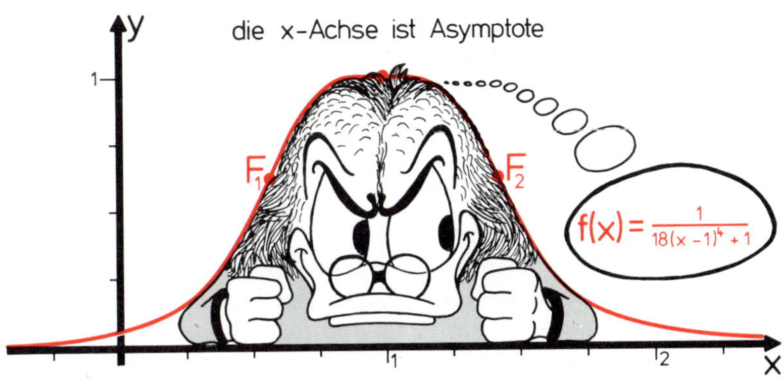

Bild 110

b) Jetzt soll der Grad des Zählerpolynoms gleich dem Grad des Nennerpolynoms sein $(n = z)$.
Zum Beispiel:

$$f(x) = -\frac{x^4 + 16x^2}{2x^4 + 8}; \quad D_f = \mathbb{R}.$$

Die Polynomdivision ergibt $f(x) = -\frac{1}{2} - \frac{2 - 8x^2}{x^4 + 4}$.

$$\lim_{x \to +\infty} f(x) = \lim_{x \to -\infty} f(x) = -\tfrac{1}{2}.$$

$y = -\frac{1}{2}$ ist Asymptote zu G_f, wie Bild 111 zeigt.

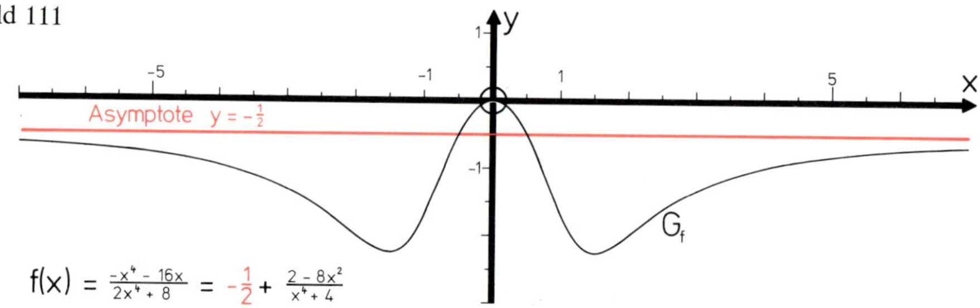

Bild 111

Im Fall $n = z$ ist also eine Parallele zur x-Achse die Asymptote und zwar $y = \frac{a_n}{b_n}$. Es gilt nämlich

$$\lim \frac{a_n x^n + \ldots + a_0}{b_n x^n + \ldots + b_0} = \lim \frac{a_n + \frac{1}{x}(\ldots)}{b_n + \frac{1}{x}(\ldots)} = \frac{a_n}{b_n}$$ sowohl für $x \to +\infty$, als auch für $x \to -\infty$.

c) Wir betrachten schließlich rationale Funktionen, deren Zählergrad um 1 größer ist als der Nennergrad, also $z = n + 1$. Die Polynomdivision liefert als ganzen Anteil einen Term der Form $mx + t$. Der echt rationale Anteil geht mit $|x| \to \infty$ nach Null, also ist $y = mx + t$ mit $m \neq 0$ (schiefe) Asymptote zu G_f.
Auch hier ein Beispiel:

$$f(x) = \frac{-15x^3 + 20x^2 + 60x + 48}{20x^2 + 48}; \quad D_f = \mathbb{R}.$$

Die Polynomdivision ergibt

$$f(x) = -\tfrac{3}{4}x + 1 + \frac{24x}{5x^2 + 12}.$$

$y = -\frac{3}{4}x + 1$ ist die Asymptote von G_f. Der echt rationale Anteil gibt den Unterschied der Ordinaten von Kurven- und Asymptotenpunkten an. Für $x = 0$ ist er Null, also schneidet die Asymptote den Graphen der Funktion bei $x = 0$. Für $x > 0$ ist auch $\frac{24x}{5x^2 + 12}$

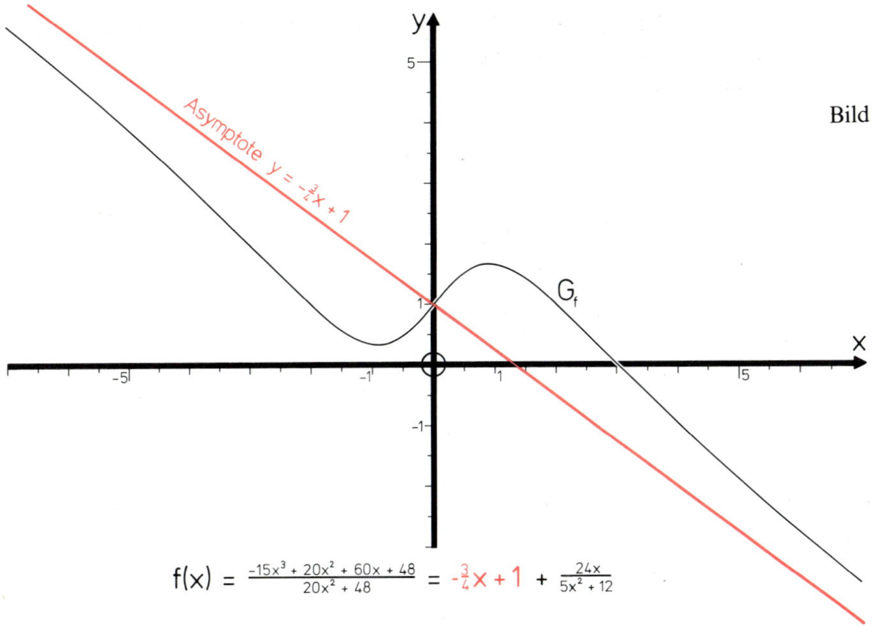

Bild 112

positiv, da Zähler und Nenner positiv sind, also liegt dort G_f über der Asymptote. Für $x < 0$ ist der echt rationale Anteil negativ, also liegt G_f dort unter der Asymptote, wie Bild 112 zeigt.

d) Ist der Grad des Zählers um mehr als 1 größer als der Grad des Nenners, so ist der ganze Anteil nach der Polynomdivision Term einer Polynomfunktion vom Grad $z - n$, deren Graph sich G_f »asymptotisch« nähert.
Ein Beispiel dafür zeigt Bild 113.

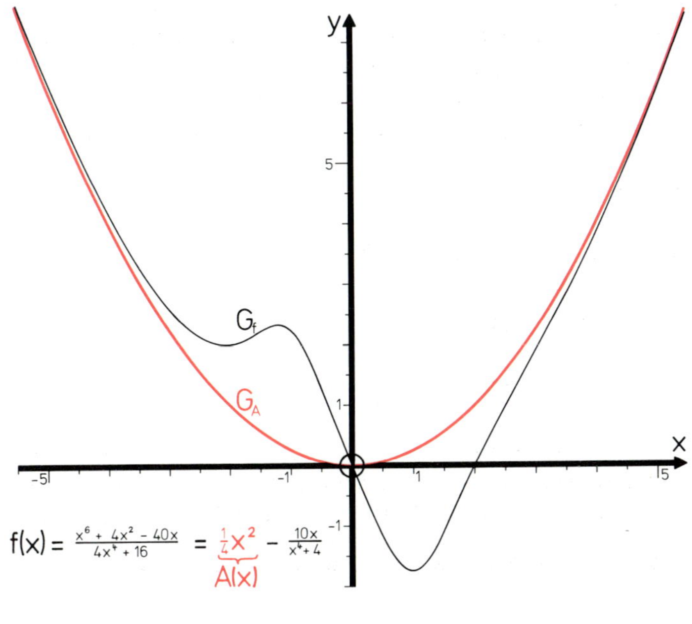

Bild 113

Wir fassen zusammen:

Ist z der Grad des Zählerpolynoms und n der Grad des Nennerpolynoms, so gilt:

$z < n$	x-Achse ist Asymptote
$z = n$	Asymptote parallel zur x-Achse: $y = \frac{a_n}{b_n}$
$z = n + 1$	schiefe Asymptote: $y = mx + t$; $m \neq 0$
$z > n + 1$	»asymptotische Kurve« vom Grad $z - n$

Bisher haben wir das Verhalten des Graphen weit draußen ($x \to +\infty$, $x \to -\infty$) untersucht. Dabei haben wir die Begriffe »waagrechte Asymptote« und »schiefe Asymptote« kennengelernt. Beim Logarithmus haben wir gesehen, daß eine Asymptote auch senkrecht sein kann. Kommen solche senkrechte Asymptoten auch bei Graphen rationaler Funktionen vor?
Ein Blick auf Bild 108 zeigt uns, daß die y-Achse senkrechte Asymptote zum Graphen der Funktion $f\colon x \mapsto \frac{x+1}{x}$; $D_f = \mathbb{R} \setminus \{0\}$ ist. Dabei heißt $x = a$ senkrechte Asymptote, wenn

$$\lim_{x \overset{<}{\to} a} f(x) = \pm\infty \quad \text{oder}$$

$$\lim_{x \overset{>}{\to} a} f(x) = \pm\infty \quad \text{gilt.}$$

Da rationale Funktionen stetig sind, können senkrechte Asymptoten nur bei Definitionslücken auftreten. Wir finden aber nicht bei jeder Definitionslücke eine senkrechte Asymptote, wie die folgenden Beispiele zeigen, die die Definitionslücke jeweils bei $x = 1$ haben.

1. $f(x) = \frac{2x(x-1)^3}{(x-1)}$;

$$\lim_{x \to 1} f(x) = \lim_{x \to 1} 2x(x-1)^2 = 0\,.$$

G_f hat bei 1 keine senkrechte Asymptote, sondern das Loch $(1|0)$, vergleiche Bild 114.

2. $f(x) = \frac{2x(x-1)^3}{(x-1)^2}$;

$$\lim_{x \to 1} f(x) = \lim_{x \to 1} 2x(x-1) = 0\,.$$

G_f hat bei 1 keine senkrechte Asymptote, sondern das Loch $(1|0)$, vgl. Bild 115.

3. $f(x) = \frac{2x(x-1)^3}{(x-1)^3}$;

$$\lim_{x \to 1} f(x) = \lim_{x \to 1} 2x = 2\,.$$

G_f hat bei 1 keine senkrechte Asymptote, sondern das Loch $(1|2)$, vgl. Bild 116.

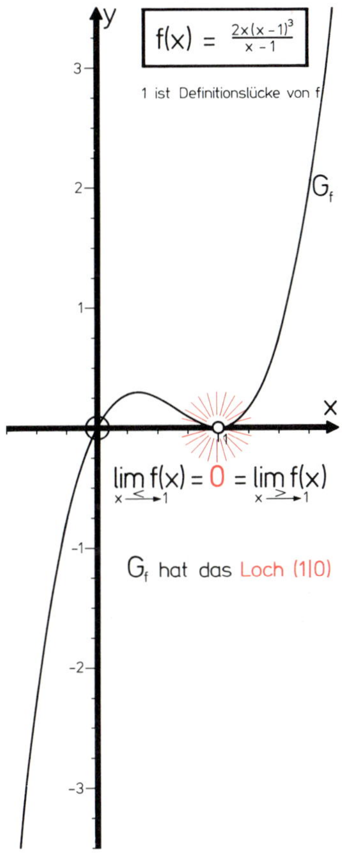

Bild 114

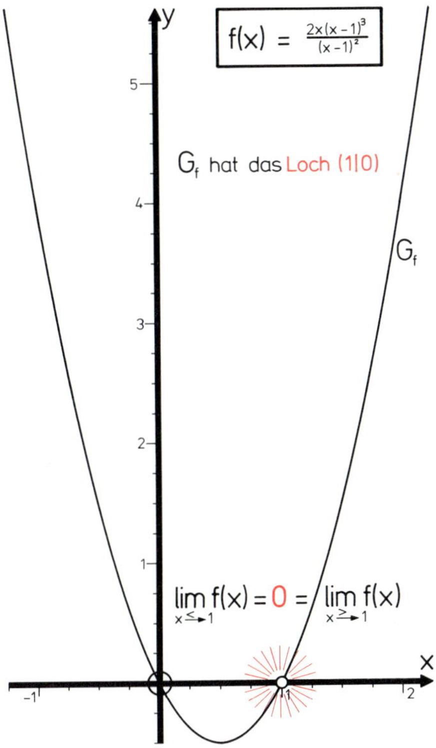

Bild 115

Bild 116

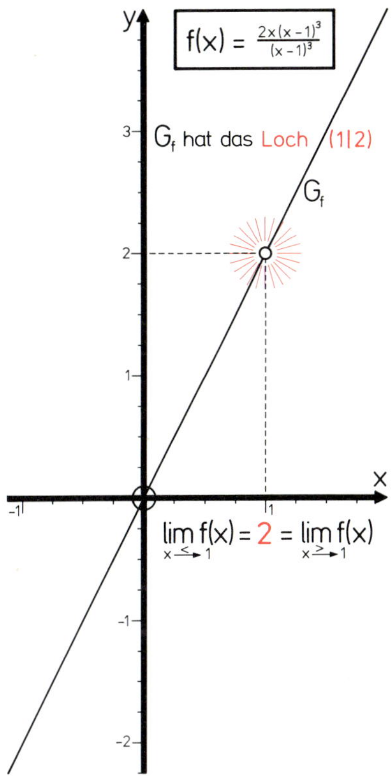

Bild 117

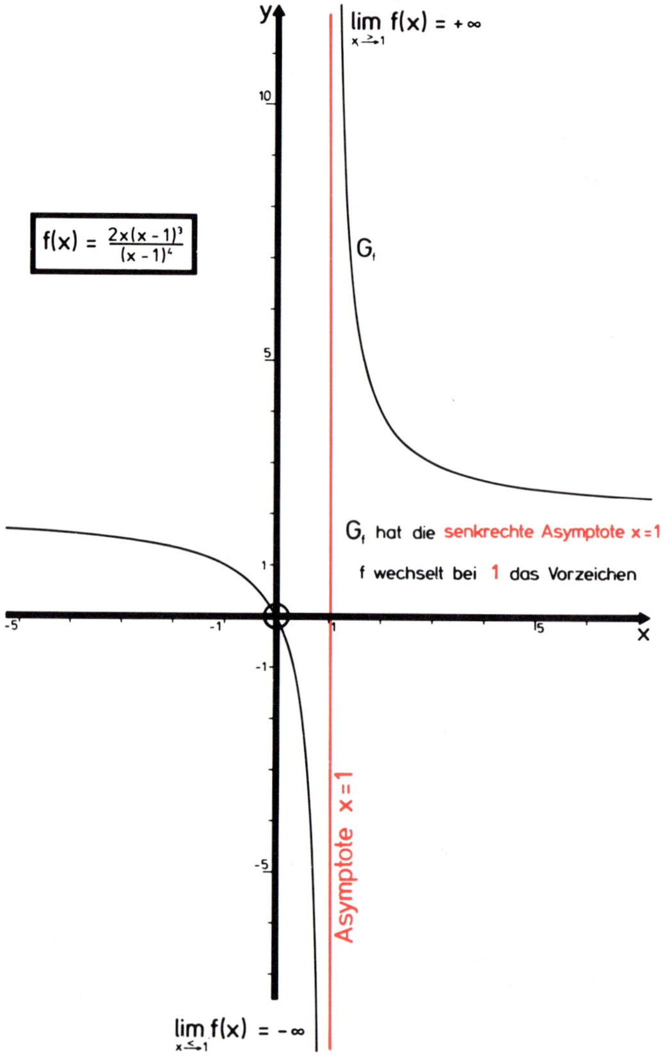

4. $f(x) = \dfrac{2x(x-1)^3}{(x-1)^4}$;

$$\lim_{x \overset{<}{\to} 1} f(x) = \lim_{x \overset{<}{\to} 1} \frac{2x}{x-1} = -\infty .$$

$$\lim_{x \overset{>}{\to} 1} f(x) = \lim_{x \overset{>}{\to} 1} \frac{2x}{x-1} = +\infty .$$

Hier haben wir eine senkrechte Asymptote entdeckt. Weil f bei 1 das Vorzeichen wechselt, macht der Graph den atemberaubenden »Sprung von $-\infty$ nach $+\infty$« (vgl. Bild 117).

Bild 118

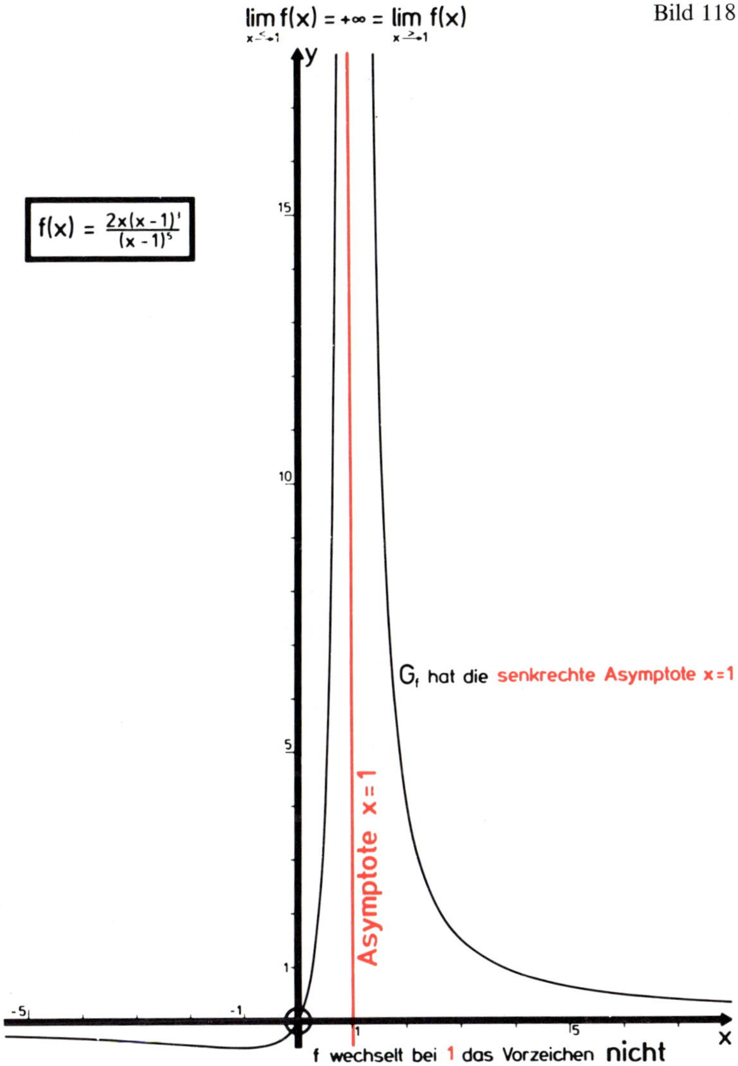

5. $f(x) = \dfrac{2x(x-1)^3}{(x-1)^5}$;

$$\lim_{x \overset{<}{\to} 1} f(x) = \lim_{x \overset{<}{\to} 1} \frac{2x}{(x-1)^2} = +\infty .$$

$$\lim_{x \overset{<}{\to} 1} f(x) = \lim_{x \overset{>}{\to} 1} \frac{2x}{(x-1)^2} = +\infty .$$

Wieder eine senkrechte Asymptote bei $x = 1$, aber kein Vorzeichenwechsel! Der Graph kommt von da zurück, wohin er verschwunden ist (vgl. Bild 118).

Rezept zur Untersuchung von Definitionslücken:

Suche die Nullstellen $\bar{x}$ des Nenners und faktorisiere den Nenner N.

Setze die Nullstellen $\bar{x}$ in den Zähler Z ein.

Ist der Zähler $Z(\bar{x}) \neq 0$, dann ist $x = \bar{x}$ eine senkrechte Asymptote.

Ist der Zähler $Z(\bar{x}) = 0$, dann enthält auch der Zähler den Faktor $(x - \bar{x})$. Faktorisiere damit auch den Zähler und kürze, soweit es geht.

Dann bleiben drei Möglichkeiten für jede Nullstelle $\bar{x}$:

1. $Z(\bar{x}) = 0;\ N(\bar{x}) \neq 0$
G_f hat ein Loch auf der x-Achse bei $\bar{x}$ (Bild 114, 115).

2. $Z(\bar{x}) \neq 0;\ N(\bar{x}) \neq 0$
G_f hat ein Loch bei $\bar{x}$, jedoch nicht auf der x-Achse (Bild 116). (Die Löcher von 1. und 2. sind durch stetige Fortsetzung zu stopfen.)

3. $Z(\bar{x}) \neq 0;\ N(\bar{x}) = 0$
G_f hat die senkrechte Asymptote $\bar{x}$ (Bild 117, 118).

Die Nullstelle des Nenners kann in gerader oder in ungerader Ordnung übrigbleiben. Bei ungerader Ordnung wechselt die Funktion das Vorzeichen bei der Asymptote (Bild 117), bei gerader Ordnung wechselt die Funktion das Vorzeichen bei der Asymptote nicht (Bild 118).
An einem Beispiel wenden wir das Rezept an:

$$f(x) = \frac{x^3 + 3x^2 - 4}{x^3 - x^2 - 4x + 4};$$

Zur Bestimmung von $D_{f_{max}}$ faktorisieren wir den Nenner. Die erste Nullstelle $\bar{x} = 1$ erraten wir und dividieren das Nennerpolynom durch $(x - 1)$.

$$\begin{array}{l}
(x^3 - x^2 - 4x + 4) : (x - 1) = x^2 - 4 \\
\underline{\ x^3 - x^2\ } \\
\qquad\quad - 4x + 4 \\
\qquad\quad \underline{- 4x + 4} \\
\qquad\qquad\ -
\end{array}$$

Damit haben wir gefunden $\bar{x}_{2,3} = \pm 2$.
Der faktorisierte Nenner ist also

$$N(x) = (x - 1)(x - 2)(x + 2)$$

mit

$$D_{f_{max}} = \mathbb{R} \setminus \{-2; 1; 2\}.$$

Wir setzen die Nullstellen des Nenners der Reihe nach in den Zähler ein.
$Z(-2) = -8 + 12 - 4 = 0$. Im Zähler steckt der Faktor $(x + 2)$.
$Z(1) = 0$. Im Zähler steckt auch der Faktor $(x - 1)$.

$Z(2) = 16(\neq 0)$. $x = 2$ ist senkrechte Asymptote von f. Die Nullstelle 2 im Nenner ist einfach (ungerade Ordnung), deswegen wechselt f bei 2 das Vorzeichen.
Wir faktorisieren den Bruch. Der Nenner ist bereits faktorisiert, vom Zähler kennen wir die Faktoren $(x + 2)$ und $(x - 1)$. Den fehlenden Faktor finden wir durch Polynomdivision.

$$\begin{array}{l} (x^3 + 3x^2 - 4) : (x^2 + x - 2) = x + 2 \\ \underline{x^3 + x^2 - 2x} \\ \qquad 2x^2 + 2x - 4 \\ \qquad \underline{2x^2 + 2x - 4} \\ \qquad\qquad - \end{array}$$

Damit heißt der faktorisierte Bruch:

$$f(x) = \frac{(x + 2)^2 (x - 1)}{(x - 1)(x - 2)(x + 2)}.$$

Wir kürzen mit $(x + 2)$ und $(x - 1)$:

$$f(x) = \frac{x + 2}{x - 2}.$$

G_f hat die Löcher $(-2|0)$ und $(1|-3)$.

$\tilde{f}(x) = \frac{x + 2}{x - 2}$; $D_{\tilde{f}} = \mathbb{R} \setminus \{2\}$ setzt f bei -2 und 1 stetig fort (Bild 119).

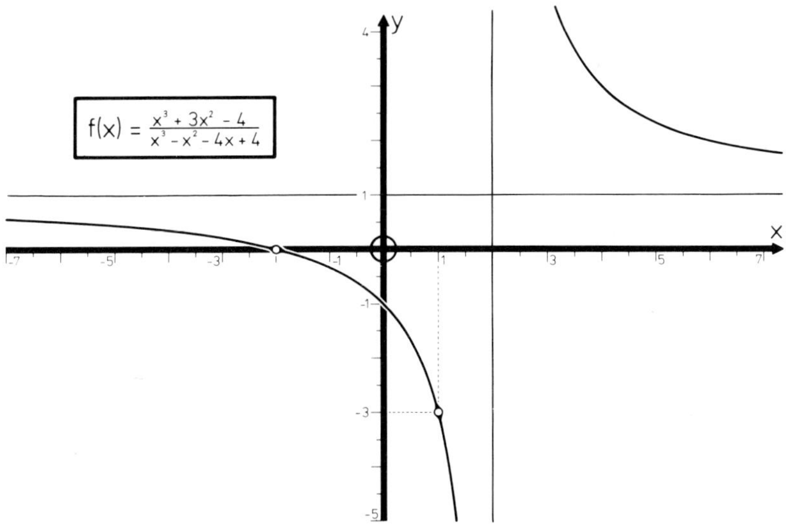

Bild 119

7.3 Zwei Beispiele

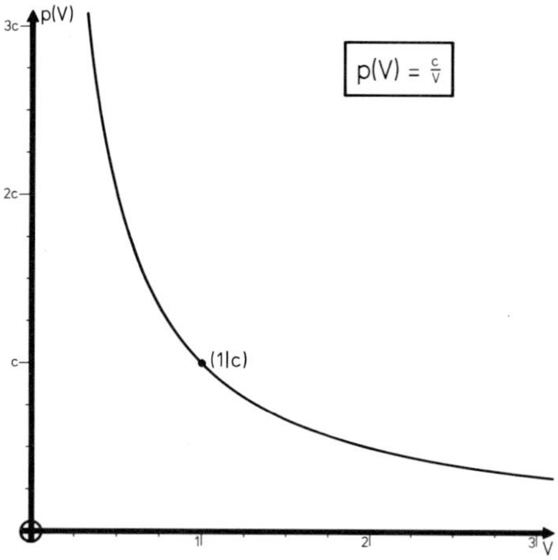

Bild 120

7.3.1 Aus der Physik

Rationale Funktionen kommen in den Gebieten der angewandten Mathematik seltener vor als die Exponentialfunktion oder als die ln-Funktion. Deshalb sind sie nicht weniger bedeutsam. Wir zeigen ein Beispiel aus der Wärmelehre.
In der Mechanik der Gase lernt man für ideale Gase das Boyle-Mariottesche Gesetz kennen. Es beschreibt den Zusammenhang zwischen Volumen V und Druck p einer abgeschlossenen Gasmenge bei konstanter Temperatur T:

$$p \cdot V = c\,.$$

Stellen wir den Druck als Funktion von V dar, so ergibt sich der Term

$$p(V) = \frac{c}{V} \quad \text{(vergleiche Bild 120).}$$

Reale Gase weichen von dieser Formel ziemlich ab. Der niederländische Physiker Johannes Diederick van der Waals (1837–1923) stellte 1873 die nach ihm benannte »Zustandsgleichung der realen Gase« auf. In dieser Gleichung beschreibt er den Zusammenhang von Druck, Volumen und Temperatur bei realen Gasen, nämlich

$$\left(p + \frac{a}{V^2}\right) \cdot (V - b) = RT\,.$$

Es bedeuten dabei

p	Druck des Gases
T	Temperatur des Gases
V	Volumen, das ein Kilomol beim Druck p und bei der Temperatur T beansprucht. 1 Kilomol sind $6{,}023 \cdot 10^{26}$ Gasmoleküle.
R	eine Konstante, die sogenannte »allgemeine Gaskonstante«
a, b	Korrekturglieder

Bei konstanter Temperatur ist der Druck wieder eine Funktion des Volumens mit dem Term

$$p(V) = \frac{RT}{V - b} - \frac{a}{V^2}\,.$$

Wir kümmern uns nicht um die Physik, die dahintersteckt, sondern diskutieren diese Funktion mathematisch. Wir setzen dazu für die vorkommenden Konstanten Zahlen ein und nennen die unabhängige Variable wie gewohnt x. Damit heißt unsere Funktionsgleichung

$$f(x) = \frac{\frac{8}{3}}{x - \frac{1}{3}} - \frac{3}{x^2} = \frac{8}{3x - 1} - \frac{3}{x^2}\,.$$

1 *Maximale Definitionsmenge* $\mathbb{R} \setminus \{0; \frac{1}{3}\}$

2 *Symmetrien*: keine zum Koordinatensystem

3 *Nullstellen*:

$$\frac{8}{3x-1} - \frac{3}{x^2} = 0\,;$$

$$8x^2 - 9x + 3 = 0\,.$$

Die Diskriminante $D = 81 - 4 \cdot 8 \cdot 3 < 0$, also hat die Funktion keine Nullstellen.

Verhalten am Rand der Definitionsmenge:

$$\lim_{x \to +\infty} \left(\frac{8}{3x-1} - \frac{3}{x^2}\right) = \lim_{x \to -\infty} \left(\frac{8}{3x-1} - \frac{3}{x^2}\right) = 0\,.$$

Die x-Achse ist waagrechte Asymptote.
Verhalten bei $x = 0$:

$$\lim_{x \lessgtr 0} f(x) = -\infty\,.$$

$$\lim_{x \gtrless 0} f(x) = -\infty\,.$$

$x = 0$ ist also eine senkrechte Asymptote ohne Vorzeichenwechsel von f.
Verhalten bei $x = \frac{1}{3}$:

$$\lim_{x \lessgtr \frac{1}{3}} f(x) = -\infty\,.$$

$$\lim_{x \gtrless \frac{1}{3}} f(x) = +\infty\,.$$

$x = \frac{1}{3}$ ist also auch eine Asymptote. Hier wechselt f das Vorzeichen.

Wir bilden die erste Ableitung:

$$f'(x) = \frac{-24}{(3x-1)^2} + \frac{6}{x^3} = \frac{-6 \cdot (4x-1) \cdot (x-1)^2}{x^3 \cdot (3x-1)^2}$$

$$D_{f'} = D_f\,.$$

4 *Kurvenpunkte mit waagrechten Tangenten:*

$$f'(x) = 0\,.$$

$$-6 \cdot (4x-1) \cdot (x-1)^2 = 0\,.$$

$$x = \tfrac{1}{4} \vee x = 1\,.$$

$$f(\tfrac{1}{4}) = -32 - 48 = -80\,.$$

$$f(1) = 4 - 3 = 1\,.$$

5 *Monotonieverhalten:*

x	x <	0	< x <	$\frac{1}{4}$	< x <	$\frac{1}{3}$	< x <	1	< x
sgnf′(x)	−1	nicht def.	+1	0	−1	nicht def.	−1	0	−1
G_f	fällt		steigt	Hoch-pkt.	fällt		fällt	Terr. pkt.	fällt

Bild 121 zeigt den Graphen der Funktion, soweit wir ihn zeichnen können.

Bild 121

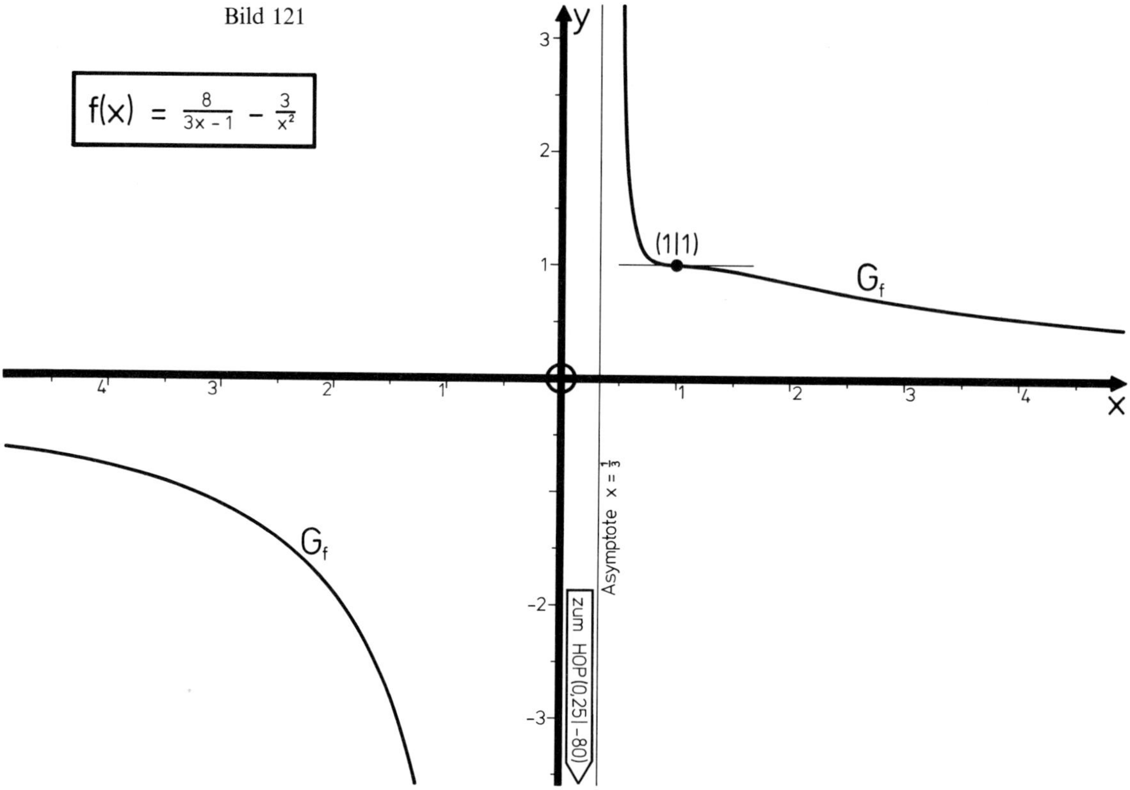

7.3.2 Abgesang

Unser Schlußbeispiel ist eine Komfortaufgabe; denn es kommt so ziemlich alles darin vor, was uns in der letzten Zeit beschäftigt hat.

$$f(x) = \frac{3x^4 + 54x^2 - 32}{3x^3} = x + \frac{54x^2 - 32}{3x^3}$$

1 *maximale Definitionsmenge* $\mathbb{R} \setminus \{0\}$
2 *Symmetrie*:

$$f(-x) = \frac{3(-x)^4 + 54(-x)^2 - 32}{3(-x)^3} = -f(x).$$

G_f ist punktsymmetrisch zum Ursprung. Es genügt also, wenn wir die Funktion für $x \geqq 0$ diskutieren.

3 *Nullstellen:*

$$3x^4 + 54x^2 - 32 = 0 ;$$

Wir substituieren $x^2 = z$:

$$3z^2 + 54z - 32 = 0 ;$$

$$z = \frac{-54 \pm \sqrt{2916 + 384}}{6} = \frac{-27 \pm 5\sqrt{33}}{3} .$$

Da $x^2 = z$ positiv sein muß, kommt nur der positive Wert für z in Frage.

Damit errechnen wir für die positive Nullstelle $x = \sqrt{\frac{-27 + 5\sqrt{33}}{3}} \approx$

$\approx 0{,}75$; die negative Nullstelle ist $x \approx -0{,}75$.

Verhalten im Unendlichen:

$$\lim_{x \to +\infty} f(x) = +\infty .$$

$$\lim_{x \to -\infty} f(x) = -\infty .$$

Wegen $f(x) = x + \frac{54x^2 - 32}{3x^3}$ ist $y = x$ schiefe Asymptote.

Der Restterm $\frac{54x^2 - 32}{3x^3}$ ist Null, falls $54x^2 = 32$; also $x^2 = \frac{16}{27}$ und

somit $x = \frac{4}{9}\sqrt{3}$ für $x > 0$.

Die Asymptote $y = x$ schneidet also G_f in $(\frac{4}{9}\sqrt{3} | \frac{4}{9}\sqrt{3})$.
Für $x > \frac{4}{9}\sqrt{3}$ ist der Restterm größer als Null, also liegt dort G_f über der Asymptote.
Für $0 < x < \frac{4}{9}\sqrt{3}$ ist der Restterm kleiner als Null, also liegt dort G_f unter der Asymptote.

$$\lim_{x \overset{<}{\to} 0} f(x) = +\infty .$$

$$\lim_{x \overset{>}{\to} 0} f(x) = -\infty .$$

$x = 0$ ist also senkrechte Asymptote mit Vorzeichenwechsel der Funktion (Punktsymmetrie!).

$$f'(x) = \frac{x^4 - 18x^2 + 32}{x^4} = \frac{(x^2 - 16)(x^2 - 2)}{x^4} ; \quad D_{f'} = D_f .$$

4 *Kurvenpunkte mit waagrechten Tangenten:*

$$f'(x) = 0 .$$

$$(x^2 - 16)(x^2 - 2) = 0 .$$

$$x = 4 \vee x = -4 \vee x = +\sqrt{2} \vee x = -\sqrt{2} .$$

$$f(4) = \tfrac{25}{3}; \; f(\sqrt{2}) = \tfrac{22}{3}\sqrt{2} .$$

Wir bilden die zweite Ableitung.

$$f''(x) = \frac{36x^2 - 128}{x^5}\,; \quad D_{f''} = D_f\,.$$

Untersuchung auf Extrema:

$$f''(4) \;\; = \frac{36 \cdot 16 - 128}{4^5} > 0\,, \quad \text{also Linkskrümmung von } G_f.$$

$$f''(\sqrt{2}) = \frac{36 \cdot 1 - 128}{\sqrt{2}^5} < 0\,, \quad \text{also Rechtskrümmung von } G_f.$$

Hochpunkt $(\sqrt{2}\,|\,\frac{22}{3}\sqrt{2})$, Tiefpunkt $(4\,|\,\frac{25}{3})$

5 *Flachpunkte:*

$$f''(x) = 0\,.$$
$$36x^2 - 128 = 0\,.$$
$$x = \tfrac{4}{3}\sqrt{2} \vee x = -\tfrac{4}{3}\sqrt{2}$$
$$f(\tfrac{4}{3}\sqrt{2}) = \tfrac{167}{24}\sqrt{2}$$

Flachpunkt $(\frac{4}{3}\sqrt{2}\,|\,\frac{167}{24}\sqrt{2})$

6 *Krümmungsverhalten*:

x	0	$< x <$	$\frac{4}{3}\sqrt{2}$	$< x$
$\operatorname{sgn} f''(x)$	nicht def.	-1	0	$+1$
Krümmung von G_f		rechts	Wendepunkt	links

Der Flachpunkt (vgl. Bild 122) ist ein Wende

Aufgaben zu 7.1

1. Leite ab:

a) $f(x) = \frac{1}{x^3}$; **b)** $f(x) = \frac{2}{x^2} + x^{-7}$;

c) $f(x) = \frac{4}{3x^9} - \frac{4}{3x^2}$; **b)** $f(x) = \frac{4}{3x^9 - 3x^2}$;

e) $f(x) = \frac{-x + 1}{3x + 2}$; **f)** $f(x) = \frac{4x^2 - x - 1}{(2x + 3)^2}$;

g) $f(x) = \frac{4x^2 + 4x + 1}{6x + 3}$; **h)** $f(x) = \frac{|x| + 1}{|x + 1|}$;

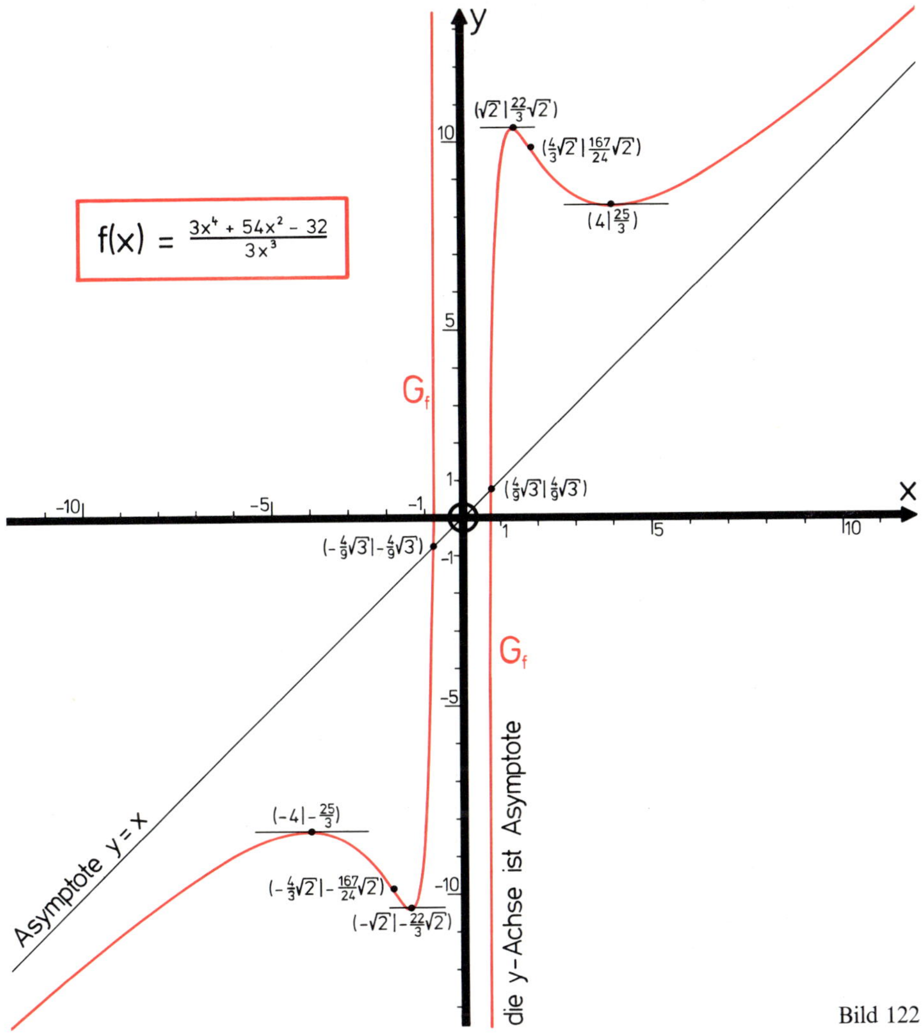

Bild 122

2. Leite ab:

a) $f(x) = \frac{1}{1-3x}$; **b)** $f(x) = \frac{-3}{1+5x^2}$;

c) $f(x) = \frac{a}{6x^2+14x-12}$; **d)** $f(x) = \frac{7}{(1-2x^2)^2}$;

e) $f(x) = \frac{-10}{(x^3-3x)^{10}}$; **f)** $f(x) = \frac{\pi}{(8-5x^4)^7(2+x)^8}$;

● **3.** Leite ab:

a) $f(x) = \frac{2x+3}{3x+2}$; **b)** $f(x) = \frac{x^2+1}{x^2-1}$;

c) $f(x)=\left(\frac{x^2-1}{x^2+1}\right)^7$; d) $f(x)=\frac{x^2+9x-10}{x^2+5x-6}$;

e) $f(x)=\frac{(x+1)(7x-3)^2}{(2x-3)^2(x-1)}$; f) $f(x)=\left(\frac{2x^3+8x^2}{3x^2-4x}\right)^5$;

4. Bestimme die maximale Definitionsmenge der Funktionsterme aus:

a) Aufgabe **1** **b)** Aufgabe **2** **c)** Aufgabe **3**

• **5.** Leite ab:

a) $f(x)=\frac{e^x}{x^2}$; **b)** $f(x)=\frac{x^5}{e^x}$;

c) $f(x)=\frac{8}{e^{2x}+4}$; **d)** $f(x)=\frac{1}{(e^x-1)(e^{x-2}-1)}$;

e) $f(x)=\frac{\sqrt{e^x-a}}{e^x}$; **f)** $f(x)=\frac{e^{ax}}{a^2(1+ax)}$;

g) $f(x)=e^{\frac{1}{x}}$; **h)** $f(x)=(x+e^x)^{\frac{1}{x}}$;

i) $f(x)=\frac{x}{1+e^{1/x}}$; **j)** $f(x)=\frac{1}{e^{-x}-1}$;

k) $f(x)=\frac{e^{ax}-e^{-ax}}{e^{ax}+e^{-ax}}$; **l)** $f(x)=e^{\frac{1}{1-x}}$;

m) $f(x)=e^{\frac{x+1}{x^2}}$; **n)** $f(x)=e^{\frac{x^2}{x-1}}$;

o) $f(x)=xe^{\frac{1}{\ln x}}$; **p)** $f(x)=|x|^{\frac{1}{x-1}}$;

q) $f(x)=(x-2)^{\frac{1}{x-1}}$; **r)** $f(x)=\left(\frac{x+1}{x-1}\right)^x$;

• **6.** Leite ab:

a) $f(x)=\frac{1}{\ln x}$; **b)** $f(x)=\frac{\ln x}{x}$;

c) $f(x)=\frac{x^2}{\ln x}$; **d)** $f(x)=\ln\frac{1+x}{1-x}$;

e) $f(x)=\frac{1+\ln x}{1-\ln x}$; **f)** $f(x)=\frac{x-1}{x\ln x}$;

g) $f(x)=\frac{x\ln x}{x^2-1}$; **h)** $f(x)=(1-x)\ln\left(1-\frac{1}{x}\right)$;

i) $f(x)=\frac{1}{x}\ln(x^2-2|x|+1)$; **j)** $f(x)=\ln\frac{e^x-1}{e^x+1}$;

• **7.** Gib Näherungsfunktionen für x nahe bei Null bzw. für $|x|\gg 1$:

a) $f(x)=\frac{x^2+2x+1}{x}$; **b)** $f(x)=\frac{x^2+2x+1}{x^2}$;

c) $f(x)=\frac{x^2+2x+1}{x-1}$; **d)** $f(x)=\frac{x^2+2x+1}{x+1}$;

7

Aufgaben zu 7.2

8. Bestimme die Asymptoten:

a) $f(x) = \frac{1}{x}$; **b)** $f(x) = 1 - \frac{1}{x}$;

c) $f(x) = \frac{1+x}{x}$; **d)** $f(x) = \frac{x}{1+x}$;

e) $f(x) = \frac{x^2}{1+x^2}$; **f)** $f(x) = \frac{|x|}{1+x}$;

9. Bestimme die Asymptoten und skizziere den Graphen der Funktion:

a) $f(x) = \frac{1}{x}$; **b)** $f(x) = 1 + \frac{1}{x}$;

c) $f(x) = x + \frac{1}{x}$; **d)** $f(x) = x - \frac{1}{x}$;

e) $f(x) = x^2 + \frac{1}{x}$; **f)** $f(x) = x + \frac{1}{x^2}$;

10. Bestimme die Asymptoten und skizziere den Graphen der Funktion:

a) $f(x) = \frac{1}{1-x^2}$; **b)** $f(x) = \frac{x}{1-x^2}$;

c) $f(x) = \frac{x^2}{1-x^2}$; **d)** $f(x) = \frac{x^3}{1-x^2}$;

e) $f(x) = \frac{1}{1+x^2}$ **f)** $f(x) = \frac{x}{1+x^2}$;

g) $f(x) = \frac{x^2}{1+x^2}$; **h)** $f(x) = \frac{x^3}{1+x^2}$;

•11. Gib möglichst einfache Terme von Funktionen an, deren Graphen folgende Asymptoten haben:

a) $x = 1$; **b)** $x = 1$; $x = -2$;

c) $y = 1$; **d)** $y = 1$; $x = 1$;

e) $y = x$; **f)** $y = x + 1$; $x = 3$;

•12. Bestimme die Asymptoten und skizziere die Graphen:

a) $f(x) = \frac{3x-3}{x^2-2x+2}$; **b)** $f(x) = \frac{x^2-1}{x^2-2x+1}$;

c) $f(x) = \frac{2x^3-x^2}{x^3+x^2}$; **d)** $f(x) = \frac{x+|x|}{|x|-1}$;

e) $f(x) = \frac{-4x^3+8x^2+23x}{9x^2-18x+9}$; **f)** $f(x) = \frac{(x+3)^2 \cdot (x^2-1)}{(x+3) \cdot (x^2+1)}$;

7

●13. Bestimme die maximale Definitionsmenge, die Nullstellen und die Asymptoten:

a) $f(x) = \dfrac{1}{\sin x}$; **b)** $f(x) = \dfrac{\sin x - 1}{x - 1}$;

c) $f(x) = \dfrac{1}{(\cos x)^2 - 1}$; **d)** $f(x) = \dfrac{e^x - 1}{e^x - e}$;

Aufgaben zu 7.3

14. Diskutiere und zeichne die Graphen ($D_f = D_{max}$):

a) $f(x) = \dfrac{x^2 + 1}{x^2 + 4}$; **b)** $f(x) = \dfrac{x^2 - 1}{x^2 + 4}$;

c) $f(x) = \dfrac{x^2 + 1}{x^2 - 4}$; **d)** $f(x) = \dfrac{x^2 - 1}{x^2 - 4}$;

15. Diskutiere und zeichne die Graphen ($D_f = D_{max}$):

a) $f(x) = \dfrac{x^2 + 2}{x + 1}$; **b)** $f(x) = \dfrac{x^2 - x - 2}{x + 2}$;

c) $f(x) = \dfrac{4 - x^3}{x^2}$; **d)** $f(x) = \dfrac{x^4 + 16}{x^2}$;

16. Diskutiere:

a) $f(x) = \dfrac{x}{x^2 + 4}$; **b)** $f(x) = \dfrac{x^2}{x^2 + 16}$;

c) $f(x) = \dfrac{x}{x^2 - 4}$; **d)** $f(x) = \dfrac{x^2}{x^2 - 16}$;

e) $f(x) = \dfrac{1 + x}{1 - x}$; **f)** $f(x) = \left(\dfrac{1 + x}{1 - x}\right)^2$;

g) $f(x) = \dfrac{x^2 + 9x - 10}{x^2 + 5x - 6}$; **h)** $f(x) = \dfrac{x^2 + x - 2}{x^2 + 2x - 3}$;

i) $f(x) = \dfrac{x^2 - x - 12}{x - 1}$;

17. Diskutiere:

a) $f(x) = \dfrac{x}{2(x^2 - 1)}$; **b)** $f(x) = \dfrac{x^2}{2(x^2 - 1)}$;

c) $f(x) = \dfrac{x^2}{(x - 0{,}5)^2}$; **d)** $f(x) = \dfrac{x^2}{(x - 0{,}5)^3}$;

e) $f(x) = \dfrac{x^3}{2(x^2 - 1)}$; **f)** $f(x) = \dfrac{2x^2}{2x - 1}$;

●**18.** Diskutiere: $f_a(x) = \dfrac{ax + x^2}{1 - ax^2}$; $a \in \mathbb{R}$; D_{f_a} maximal.

Zeichne die Graphen für $a \in \{0; \frac{1}{2}; -16; -1; -\frac{1}{2}; 4\}$

7

•**19.** Diskutiere: $f_a(x) = \dfrac{x^3 - a}{x^2 + 8}$; $a \in \mathbb{R}$; D_{f_a} maximal

Zeichne die Graphen für $a \in \{0; \pm 8; \pm 20; \pm 40; \pm 64\}$

20. Gegeben ist die reelle Funktion f mit $f(x) = \dfrac{1}{2}x + \dfrac{1}{2x}$.

Ihr Graph sei mit G_f bezeichnet.

a) Gib die maximale Definitionsmenge D_f von f an; untersuche, ob G_f Schnittpunkte mit den Koordinatenachsen hat. Welche Symmetrieeigenschaft hat G_f? Die Antwort ist zu begründen.

b) Untersuche das Verhalten von f(x) für $x \to \pm\infty$ und $x \to 0$.

c) Bestimme Lage und Art der Extrempunkte des Graphen G_f ohne Verwendung der zweiten Ableitung von f.

d) Zeichne unter Berücksichtigung der bisherigen Ergebnisse den Graphen G_f im Bereich $-5 \leqq x \leqq 5$ (Längeneinheit: 1 cm).

e) Bestimme den Flächeninhalt der Figur, die vom Graphen G_f, von der Geraden mit der Gleichung $y = \frac{1}{2}x$, sowie von den beiden Geraden $x = 1$ und $x = b$ für den Fall $b > 1$ begrenzt wird.
Hat dieser Flächeninhalt für $b \to \infty$ einen endlichen Grenzwert? Begründe deine Antwort.

f) Gegeben ist nun die Funktion g mit $g(x) = \ln f(x)$ und $D_g = \{x \mid x > 0\}$.
Bestimme den Wertebereich von g; erläutere deine Überlegungen.

21. Diskutiere: $(D_f = D_{max})$

a) $f(x) = \dfrac{1}{e^x - 1}$; **b)** $f(x) = \dfrac{1}{e - e^{-x}}$;

c) $f(x) = \dfrac{1}{e^x - e^{-x}}$; **d)** $f(x) = \dfrac{e^x - e^{-x}}{e^x + e^{-x}}$;

22. Diskutiere: $(D_f = D_{max})$

a) $f(x) = \dfrac{1}{\ln x}$; **b)** $f(x) = \dfrac{1}{1 - \ln x}$;

c) $f(x) = \dfrac{1}{2 - \ln(x^2 - 1)}$; **d)** $f(x) = \dfrac{1 + \ln x}{x}$;

e) $f(x) = 2\left(\frac{2}{x}\right)^2\left(1 + 2\ln\frac{x}{2}\right)$; **f)** $f(x) = (1 - x)\ln\left(1 - \frac{1}{x}\right)$;

g) $f(x) = \ln\dfrac{x + 2}{x^2}$; **h)** $f(x) = \dfrac{1 + (\ln x)^2}{1 - (\ln x)^2}$;

•**23.** Gegeben ist die Funktion f_k mit $f_k(x) = \dfrac{x^2 - k^2}{kx}$, wobei $k > 0$ ist.

G_k ist der Graph von f_k.

7

a) Bestimme den maximalen Definitionsbereich und untersuche f_k auf Symmetrieeigenschaften, Nullstellen, Extrema, Wendepunkte und Asymptoten.

b) Zeichne den zu $k = 3$ gehörigen Graphen G_3 und die Asymptoten im Bereich $-6 \leqq x \leqq 6$ (Einheit 1 cm).

c) Für welche Werte von m hat die Gerade $y = mx$ mit G_k keine Punkte gemeinsam?

d) Bestimme ohne Berechnung des Integrals die Abszisse des Extremums der Funktion F_k mit

$$F_k(x) = \int_1^x f_k(t)\,dt = \int_1^x \frac{t^2 - k^2}{kt}\,dt\,.$$

Von welcher Art ist dieses Extremum?
In welchem Bereich ist F_k definiert?

e) Der Graph H einer ganz-rationalen Funktion h 3. Grades ist punktsymmetrisch zum Ursprung und berührt G_3 in den Nullstellen von f_3.
Ermittle den Funktionsterm h(x) und die Extrema von h.
[Teilergebnis: $h(x) = \frac{1}{27}(x^3 - 9x)$]

f) Zeichne H in die Zeichnung von Teilaufgabe 1 b) ein.

g) Welche Fläche schließt H mit der positiven x-Achse ein?

h) Die Funktion h_1 sei gegeben durch $h_1(x) = \begin{cases} \frac{x}{3} - \frac{3}{x}; & |x| \geqq 3, \\ \frac{1}{27}(x^3 - 9x); & |x| < 3, \end{cases}$

ihr Graph ist H_1.
Kennzeichne H_1 in der Zeichnung der Teilaufgabe **b)** mit Farbe.
Wie oft ist h_1 bei $x = 3$ differenzierbar? (Begründung!)

7

24. Gegeben ist die reelle Funktion f mit $f(x) = \dfrac{2x - 4}{1 - x}$; ihr Graph sei mit G_f bezeichnet.

a) Bestimme die maximale Definitionsmenge D_f von f und untersuche G_f auf Schnittpunkte mit den Koordinatenachsen.

b) Untersuche das Verhalten von f(x) für $x \to \pm\infty$ und für $x \to 1$.

c) Welches Monotonieverhalten zeigt die Funktion f? Besitzt G_f Extrempunkte? Begründe deine Antwort.

d) Zeichne nun G_f im Bereich $[-4; 5]$ unter Verwendung der bisherigen Ergebnisse und einiger geeigneter Funktionswerte (Längeneinheit 1 cm).

e) Begründe, weshalb f umkehrbar ist. Gib die Funktionsgleichung $y = f^{-1}(x)$ für die Umkehrfunktion f^{-1} von f sowie den Definitions- und den Wertebereich von f^{-1} an.

f) Berechne die Koordinaten der Schnittpunkte der Graphen G_f und $G_{f^{-1}}$.
($G_{f^{-1}}$ ist der Graph von $f^{-1}: x \mapsto y$).

g) Zeige, daß die Funktion $F: x \mapsto \ln[(1-x)^2] - 2x$ mit $D_F = D_f$ eine Stammfunktion von f ist.

h) Bestimme den Flächeninhalt der Figur, die vom Graphen G_f, von der Geraden $y = x$ sowie von den beiden Geraden $y = -2$ und $x = 0$ begrenzt wird, auf zwei Dezimalstellen genau.

●**25.** Gegeben ist die Funktion f_a mit $f_a(x) = \frac{a^2}{x^2} - \frac{x}{a}\ (a > 0)$.

Der Graph von f_a heiße G_{f_a}.

a) Bestimme den maximalen Definitionsbereich D_{f_a}, die Nullstellen und die Asymptoten von G_{f_a}.

b) Berechne die Koordinaten $(x_E | y_E)$ und die Art des Exremums von f_a. Hat G_{f_a} Wendepunkte? (Begründung!)

c) Zeichne den zu $a = 2$ gehörigen Graphen G_{f_2} im Bereich $-5 \leqq x \leqq 5$ (Einheit 1 cm).

d) Wie läßt sich die Tatsache interpretieren, daß y_E den Parameter a nicht enthält?

e) Berechne $F_2(x) = \int_1^x f_2(t)\,dt = \int_1^x \left(\frac{4}{t^2} - \frac{t}{2}\right) dt$.

f) Begründe die Existenz eines Maximums von F_2 und berechne dessen Koordinaten.

g) Für welche Werte von k hat die Gerade $g_k: y = -\frac{1}{a}x + k$ mit G_{f_a} keine Punkte gemeinsam?
Welche Schnittpunkte ergeben sich für $k = a^2$?

h) Die Funktion h_a ist gegeben durch $h_a(x) = \begin{cases} \frac{a^2}{x^2} - \frac{x}{a} & ; |x| \geqq 1, \\ -\frac{x}{a} + a^2 & ; |x| < 1. \end{cases}$

Ihr Graph heiße H_a.
Zeichne den zu $a = 2$ gehörigen Graphen H_2 mit Farbe in das Koordinatensystem aus Teilaufgabe 1 **c)** ein.
Untersuche h_a an der Stelle $x = 1$ auf Stetigkeit und Differenzierbarkeit.

i) Berechne den Inhalt $J(r)$ des Flächenstücks, das von H_a, der Geraden $g_0: y = -\frac{1}{a}x$, der y-Achse und der Geraden $x = r$ $(r > 0)$ eingeschlossen wird.

j) Bestimme $\lim\limits_{r \to \infty} J(r)$.

26. Gegeben ist die in $\mathbb{R}$ definierte Funktion f mit $f(x) = (1-2x)e^{-x}$. Ihr Graph sei mit G_f bezeichnet.

a) Bestimme die Schnittpunkte von G_f mit den Koordinatenachsen.

b) Zeige, daß für die Ableitung von f gilt:

$$f'(x) = (2x - 3)e^{-x}$$

7

und untersuche das Monotonieverhalten der Funktion f. Ermittle die Lage und Art des Extremums von f.

c) Zeige, daß G_f eine waagrechte Asymptote hat, und gib deren Gleichung an.

d) Zeichne unter Verwendung der bisherigen Ergebnisse den Graphen G_f im Bereich $-0{,}5 \leqq x \leqq 4$ (Längeneinheit 2 cm).

e) Zeige, daß F_0 mit $F_0(x) = (1 + 2x)e^{-x}$ eine Stammfunktion von f ist.

f) Der Graph G_f und die Koordinatenachsen begrenzen ein im 1. Quadranten liegendes Flächenstück; bestimme dessen Inhalt auf 2 Dezimalen genau.

g) Ermittle diejenige Stammfunktion F* von f (siehe Teilaufgabe **e**), deren Graph die x-Achse berührt.

27. Gegeben ist die Schar von Funktionen

$$f_a\colon x \mapsto f_a(x) = \frac{ax^2 - 1}{x^2 - a}; \qquad a \in \mathbb{R},\ D_{f_{a\,max}}$$

a) Bestimme die maximale Definitionsmenge der Funktion f_a. (Fallunterscheidung!)

b) Untersuche, ob die Graphen der Schar Symmetrien aufweisen und gib diese eventuell an.

c) Bestimme die Nullstellen der Funktionen (Fallunterscheidung!).

d) Bestimme eventuell vorhandene Asymptoten.

e) Berechne die erste Ableitung der Funktion.

f) Zeige ohne Benutzung der zweiten Ableitung, daß die Funktionen mit drei Ausnahmen je ein einziges Extremum haben, und zwar für $|a| > 1$ ein Maximum und für $0 < |a| < 1$ ein Minimum.

g) Gib die Parameterwerte der Ausnahmen von **f)** an!

h) Zeige: Mit einer Ausnahme schneiden sich alle Graphen der Schar in genau zwei Punkten P und Q. Berechne die Koordinaten dieser Punkte.

i) Gib den Parameterwert der Ausnahme von **h)** an.

j) Berechne die Ortslinie der Flachpunkte.

k) Die Graphen der Funktionen stellen verschiedene Kurventypen dar, skizziere je einen Vertreter für
$a < -1$; $a = -1$; $-1 < a < 0$; $a = 0$; $0 < a < 1$; $a = 1$;
$1 < a$; $a \to \infty$ (vgl. Bild 123 a, b, c).

7

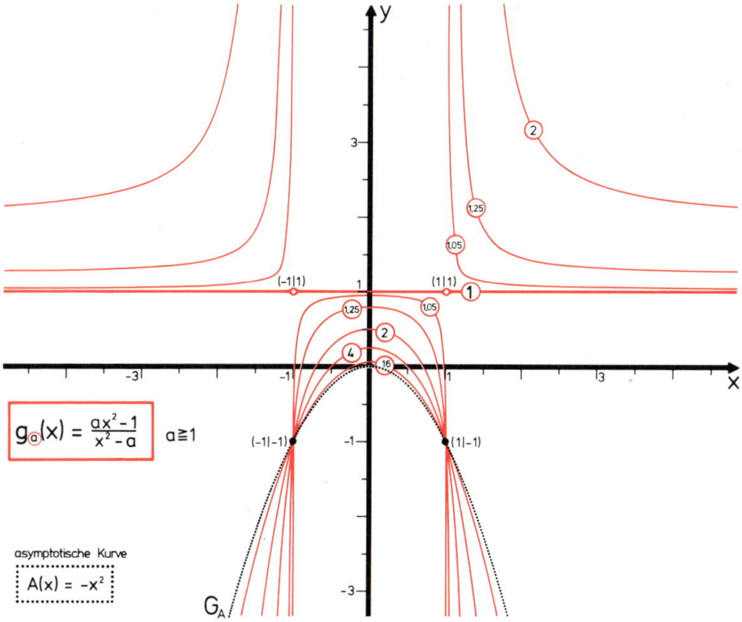

Bild 123a

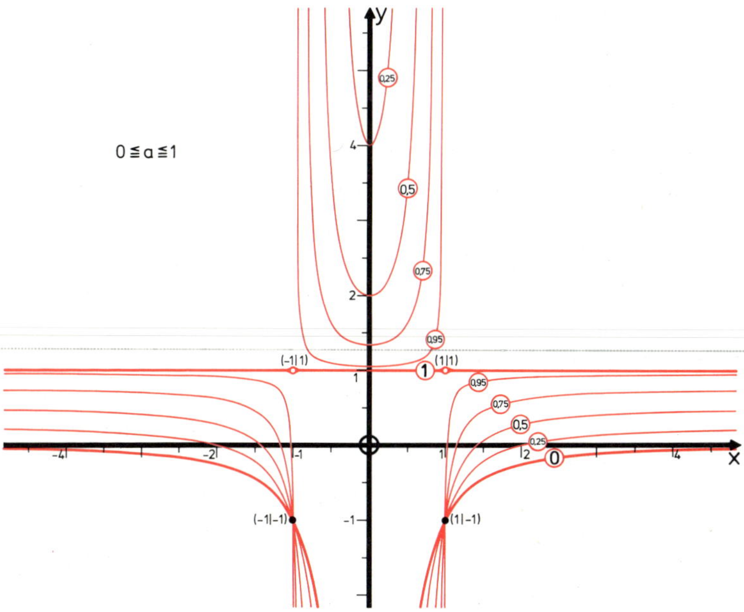

Bild 123b

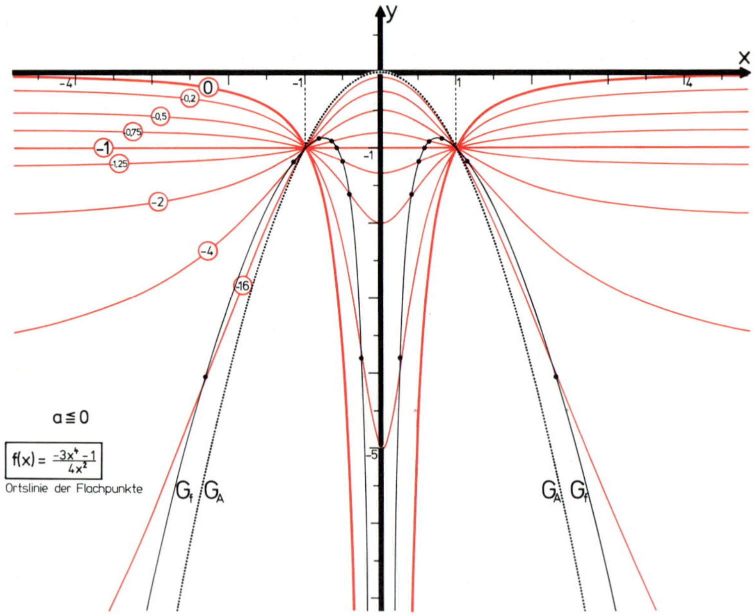

Bild 123c

28. Gegeben ist die Funktion f_p mit $f_p(x) = \frac{x^2}{p^2} + \frac{p^2}{x^2}$, wobei $p > 0$ ist.

Ihr Graph ist $\mathfrak{F}_p$.

a) Gib den maximalen Definitionsbereich und das Symmetrieverhalten von f_p an.
Untersuche den Graphen $\mathfrak{F}_p$ auf Extrempunkte (Koordinaten und Art) und Wendepunkte.

b) Zeichne den zu $p = 3$ gehörigen Graphen $\mathfrak{F}_3$ der Funktion f_3 im Bereich $|x| \leqq 6$ (Einheit 1 cm).

c) Wir betrachten nun die Parabel mit der Gleichung $y = ax^2$ und bilden für einen beliebigen Wert $x_0 > 0$ die Ordinatendifferenz $d(x_0) = f_3(x_0) - ax_0^2$
Bestimme a so, daß $\lim\limits_{x_0 \to \infty} d(x_0) = 0$ ist (Begründung!).

d) Zeichne in das Koordinatensystem der Teilaufgabe **b)** die Parabel $\mathfrak{P}$ mit der Gleichung $y = \frac{1}{9}x^2$ ein.

e) Bestimme für $m > 3$ den Inhalt $J(m)$ des Flächenstücks, das von den Graphen $\mathfrak{P}$ und $\mathfrak{F}_3$ sowie von den Parallelen zur y-Achse mit den Gleichungen $x = 3$ und $x = m$ begrenzt wird. Untersuche $J(m)$ für $m \to \infty$ und deute das Ergebnis geometrisch.

f) g ist eine ganz-rationale Funktion 3. Grades. Ihr Graph $\mathfrak{G}$ hat den Wendepunkt $W(0|0)$ und berührt den Graphen $\mathfrak{F}_3$ der Funktion f_3 von Teilaufgabe **b)** in dessen Tiefpunkt $T(3|2)$. Stelle die Funktionsgleichung von g auf.

[Ergebnis: $g(x) = x - \frac{1}{27}x^3$]

g) Zeichne den Graphen $\mathfrak{G}$ der Funktion g im Bereich $|x| \leqq 6$ in das Koordinatensystem von Teilaufgabe **b)** ein.

h) Wir untersuchen nun die Integralfunktion H mit $H(x) = \int_c^x f_3(t)\,dt$ für $x > 0$ und $c > 0$; f_3 ist die in Teilaufgabe **b)** definierte Funktion.

Löse folgende Aufgaben, ohne die Integration auszuführen:

i) Zeige, daß H streng monoton zunimmt und genau eine Nullstelle hat.

j) Bestimme c so, daß H an der Nullstelle auch eine Wendestelle hat.

k) Gegeben ist die Funktion k mit

$$k(x) = \begin{cases} f_3(x) = \dfrac{x^2}{9} + \dfrac{9}{x^2} & \text{für } x \geqq 3 \\[2ex] g(x) = x - \dfrac{1}{27}x^3 & \text{für } 0 \leqq x < 3 \end{cases}$$

Zeige, daß k an der Stelle $x = 3$ genau einmal differenzierbar ist.

Literaturhinweise

I. Schulbücher:

1. Keil–Kratz–Müller–Wörle: Analysis 1. München: bsv
2. Andelfinger: Analysis I. Freiburg: Herder
3. Lambacher–Schweizer: Analysis. Stuttgart: Klett
4. Winkler: Analysis 1: München: Ehrenwirth
5. Kroll: Differentialrechnung. Bonn: Dümmler
6. Griesel: Analysis I. Hannover:Schroedel
7. Meyer–Thaysen: Arbeitsbuch Analysis. Stuttgart: Klett
8. Breitkopf: Mengen und Funktionen. München: TR-Verlagsunion
9. Diller–Breitkopf: Differential- und Integralrechnung. München: TR-Verlagsunion.
10. Degen: Analysis. München: Blutenburg
11. Corbach–Fock–Kuypers–Lange–Lauter–Weidenfeld: Analysis I. Düsseldorf: Schwann
12. Tischel–Uchtmann: Analysis. Frankfurt am Main: Diesterweg
13. Gößwein–Vogel: Funktionen im Reellen. Hamburg: Handwerk und Technik
14. Bachmann: Einführung in die Analysis. Frankfurt am Main: Diesterweg/Salle
15. Baierlein, Barth, Greifenegger, Krumbacher: Anschauliche Analysis 1. München: Ehrenwirth

II. Weiterführende Literatur

1. Barner–Flohr: Analysis I. Berlin: de Gruyter
2. Brehmer–Apelt: Analysis. Berlin: VEB Deutscher Verlag der Wissenschaften
3. Spivak: Calculus. London: Benjamin
4. Courant–Robbins: Was ist Mathematik. Berlin: Springer
5. Toeplitz: Die Entwicklung der Infinitesimalrechnung. Darmstadt: Wissenschaftliche Buchgesellschaft
6. Wille: Analysis. Stuttgart: Teubner
7. Grauert–Lieb: Differential- und Integralrechnung. Berlin: Springer
8. Kießwetter: Reelle Analysis einer Veränderlichen. Mannheim: B.I.
9. Augustin–Preiß–Schornstein: Reelle Funktionen, Stetigkeit, Grenzwert, Tübingen: DIFF
10. Augustin–Schornstein: Differentialrechnung. Tübingen: DIFF
11. Hattig–Herfort: Zugänge zur Differentialrechnung. Tübingen: DIFF
12. Loomis: Introduction to Calculus: London. Addison-Wesley
13. Smirnow: Lehrgang der Höheren Mathematik. Berlin: VEB Deutscher Verlag der Wissenschaften
14. Ostrowski: Vorlesungen über Differential- und Integralrechnung. Basel: Birkhäuser
15. v. Mangoldt–Knopp: Einführung in die Höhere Mathematik. Stuttgart: Hirzel
16. Grundzüge der Mathematik Bd. III, Analysis. Göttingen: Vandenhoeck & Ruprecht
17. Handbuch der Schulmathematik Bd. 6, Analysis. Hannover: Schroedel

Register